所有失去/
终将归来/

梁庆伟 编著

中国出版集团
中译出版社

图书在版编目（CIP）数据

所有失去终将归来／梁庆伟编著 . —北京：
中译出版社，2020. 1
ISBN 978 - 7 -5001 - 6165 - 3

Ⅰ.①所⋯ Ⅱ.①梁⋯ Ⅲ.①人生哲学 – 通俗读物
Ⅳ.①B821 – 49

中国版本图书馆 CIP 数据核字（2019）第 299517 号

所有失去终将归来

出版发行／中译出版社
地　　址／北京市西城区车公庄大街甲 4 号物华大厦 6 层
电　　话／（010）68359376　68359303　68359101　68357937
邮　　编／100044
传　　真／（010）68358718
电子邮箱／book@ ctph. com. cn

策划编辑／马　强　田　灿	**规　　格**／880 毫米×1230 毫米　1/32
责任编辑／范　伟　吕百灵	**印　　张**／6
封面设计／泽天文化	**字　　数**／135 千字
印　　刷／山东汇文印务有限公司	**版　　次**／2020 年 3 月第 1 版
经　　销／新华书店	**印　　次**／2020 年 3 月第 1 次

ISBN 978 -7 -5001 -6165 -3　　　　定价：32. 00 元

前　言

　　不知道从什么时候开始，我们总是感叹时光飞逝，岁月一去不回头；感叹人世喧嚣，令人身心俱疲；感叹付出太多，收获的却太少；感叹抬头仰望，却看不到未来和希望。面对一眼望不到头的漫漫人生路，面对即将被时光掩埋的青春，年轻的孤傲和轻狂偃旗息鼓，迷茫和悲观慢慢侵袭了我们的心，让我们激情不再。

　　我们站在人群中，却感到无比孤独，大声嘶吼，却无人响应。那些我们想要的、我们珍惜的、我们爱着的，不断地从我们的生命中消失，我们想要伸手抓住什么，却好像什么都抓不住。诚然，走在人生路上，我们总会失去一些东西，不过我们失去的，并没有真的消失，它只是改变了面目，在不远的将来，它会以另一种更好的方式，与我们重新相遇。

　　人的一生，"得"与"失"如影相随，当一个人静下心来，细细品味自己的人生，不禁感慨万千。人的一生总是在不断地得到和不断地失去中度过。青春的逝去带来了经验的增长和丰富；金钱的失去得到了心灵的愉悦和满足；感情的付出带来了彼此的信任和依赖……

　　保持积极的乐观的心态。以积极乐观的心态对待得与失，对于调节心理平衡十分必要。人生之路不可能一帆风顺，乐观主义者，能发挥自己丰富的想象力，多角度思考问题，极力从不幸中挖掘出积极因素，开拓出一片新天地，从而能够转"忧"为"喜"，转"失"为"得"，使自己从"山穷水尽"转入"柳暗花明"。在很多情况下，人的痛苦与快乐，并不是由客观环境的优劣所决定的，而是由自己的心态、情绪决定的。

　　《所有失去终将归来》旨在告诉人们：有得必有失，只要学会放弃，就能登上人生的巅峰。当你能睿智而坦然放弃的时候，你的生命就得到了升华，你的人生就得到了跨越，人生失去的终将以别的方式归来！

目 录

第九章 主动求变，就会走进我们向往的绿洲

第十章 克服依赖，才会掌握自己的命运

第一章
本分做人，德才兼备才更受人欢迎

能力和品格究竟哪个重要呢？有人认为是能力，因为没有能力，品格再高，也不能出头。其实品格比能力更重要。在社会上德才兼备、德艺双馨的人更受欢迎，如果两者不能并驾齐驱，人们宁愿退而求其次，选择能力略逊一筹、品格高、德行好的人，也不会选择能力出众但品格奇差的人。

用宽厚的态度对待他人

在所有可贵的品质当中，厚道永远占有一席之地。诚恳、善良、宽容等美德皆与厚道有关。厚道之人，遇事懂得冷静，不同于牙尖嘴利的刻薄之人，在别人蒙羞之际，会保全他人的颜面。

生活中，我们常听人说："做人要厚道。"那么何为厚道呢？厚道并不是糊里糊涂做人，没准则没界限，对什么事都睁一只眼闭一只眼，而是指在无关原则的事情上，要宽以待人，要用宽厚的态度对待他人，不会为了自己嘴上或心里痛快，而做出伤害别人的事。厚道之人，最大的特点就是懂得冷静，看到别人的错处，不讽刺不挖苦，愿意给人台阶下，公共场合不给人难堪，私下里不算计别人，也不说任何人坏话。厚道的人宅心仁厚，不偏狭不过激，身上自有那么一股大家风范，始终给人以一种心平气和的感觉，让人觉得踏实可信，与之相处，有一种如沐春风之感。

如今，广受欢迎的并非是八面玲珑的人，而是宅心仁厚的老实人。原因很简单，人太聪明，往往不能沉着，为了凸显自己的智慧，常会做出一些非常不厚道的事，无形中伤害了别人的自尊心，不知不觉便与人产生了芥蒂。

李国栋是一名建筑商，凭借着精明的商业头脑和干练的行事风格，摸爬滚打数年以后，终于在业界赢得了一席之地。30岁那年，他的事业渐有起色，被同行广泛看好。有人断言，不出十年，李国栋就能成为建筑行业中的大鳄，然而事情与人们预料的完全不一样，两年后，李国栋不仅没能崭露头角，反而差点破产。所有与李国栋近距离接触过的人，都说他这个人太过刻薄不好相处，跟他合作简直就是受罪，以后绝不和这种人打交道。正是因为这个原因，李国栋错失了很多合作的机会，事业也陷入了低谷。

有一次他和开发商谈合同，发现对方的领带打歪了，他忍不住上前一步为其正了正领带，并说："干我们这行的都相信一个真理，那就是细节出品质。我们判断事物判断人都是参照这个标准。我认为仪表不端正的人，不是理想的合作伙伴。你觉得呢？"开发商被教训得哑口无言，只好尴尬离场。

还有一次，他和建筑材料供应商谈生意，为了进一步压低价格，他直言不讳地指出："据我所知，贵公司的资金周转出现了严重问题，所以才急着将一大批材料脱手，若是不能及时变现，怕是连员工的工资都发不出来了吧。贵公司处在这种境地之中，哪儿还有什么谈判的筹码呢？就按我说的价格交易，早点成交，早点解决燃眉之急。"他那种讥讽的语气惹恼了供应商，供应商毫不示弱地回敬道："我们公司近期的财务状况确实不太好，但也不像你说得那么糟。我们的建筑材料，在市场上很受欢迎，现在有好几个建筑商有意购买我们的东西，这批材料随时可以变现。你提供的价格，我们实在难以接受。我想其他的材料供应商也不会接受的。"

李国栋冷笑着说："别以为'瘦死的骆驼比马大'。你们的情况我再了解不过了，说句不好听的，你们已经到了苟延残喘的地步，急需输血，现在还讨价还价是不合时宜的，聪明人都不会这么办事。""趁火打劫不叫聪明，恕我直言，李老板，你这么做太不厚道了，没有多少人会真心实意地愿意跟你做生意的。"供应商恼羞成怒地说。

"商场讲什么厚道，厚待别人就是对自己刻薄。你不用再掩饰自己的不利处境了，既然我已经把那块遮羞布扯了下来，再掩饰也就没意思了。我提出的价格是不会更改的，你自己看着办。"李国栋笑笑说。供应商没有接受那个价格，他觉得自己被人狠狠地羞辱了，没有兴致再谈下去了，当场愤而离席。就这样，李国栋搞砸了一笔又一笔的生意，名声越来越糟，同他合作的人越来越少，慢慢地，他成了行业里最不受欢迎的人，事业受到了重创，从此一蹶不振。

刻薄待人，把别人逼得没有回旋余地，自己也有可能被逼得无路可退。凡事不可做尽，对人厚道一些，就是善待自己。少些苛责，少些争执，不虚伪不欺骗，不唯利是图，不做任何损人利己的事情，聪明但不机关算尽，懂得合作共赢，如此人生的道路才能越走越宽。

厚道之人，不仅有豁达的心胸，而且懂得为他人着想，绝不会为了满足个人的欲望而侵犯他人的正当权益。厚道体现的是人性的光辉，是美德最好的注解，它像冬日的暖阳让人身心俱暖，又像夏日的凉风让人倍感舒爽，故人人皆爱厚道之人，讨厌刻薄寡义之人，前者能换来"得道者多助"的美好结局，后者将陷入"失道者寡助"的僵局。

本分做人，踏实做事

现实生活中，有些人做事的动机大都与"功利"二字有关，得不到实惠和好处的事情，就不做。

　　孙萌是一个非常有规划的人，刚刚入职，他就给自己制定了一个非常高远的目标，争取两年之内达到年薪百万。他很庆幸，自己没有走任何弯路，直接进入了前途很好的销售领域，这样只要业绩足够好，就能拿到高额提成，收入便会水涨船高。他的同学大部分都是普普通通的工薪族，薪资涨幅非常有限，即使奋斗一辈子，也赚不到一百万。

　　想到这里，孙萌很为自己的选择感到自豪，他想两年之后，他和同学的身份地位将拉开距离，到时他必定风光无限，所有的同学都将向他投来羡慕的目光。孙萌并不是一个空想家，而是一个行动派。为了提升业绩，多签几份大单，他可谓是煞费苦心。他花费了大量的时间，通过各种途径摸清了客户的喜好和需求，然后投其所好，有计划有步骤地攻克对方的心理防线，然后看准时机，及时递上订单，促成了一笔又一笔生意。有个客户有严重的胃病，四处求医无果，长年受着病痛的折磨。孙萌听说了这件事情，到处托人打听治疗胃病的方法以及特效药，为客户提供了很多建议。客户很感动，主动跟他签了一笔大单，算是对他的答谢。

　　孙萌因为月末的这笔大单，业绩迅速蹿升，冲入了名单的前10名，被老板誉为半路杀出的一匹黑马，拿到了一笔丰厚的奖金。时间过得很快，一个月转瞬即逝，眼看到了月底，孙萌发现自己的业绩已经跌出了前10名的榜单，于是又央求患有胃病的顾客购买公司的产品，帮助自己冲业绩。那名顾客上个月已经花了大价钱购买了自己不需要的产品，这次无论如何都不肯再花冤枉钱了，孙萌遭到了拒绝，非常恼火，生气地挂了电话，挂电话前还说了很多难听的话。

后来公司把业务拓展到了海外，孙萌为了谋求个人利益，答应优先给海外的经销商安排货源，把本该发给其他经销商的货物改发给了海外的经销商，从中捞到不少好处。他想只要自己多联系一些出手阔绰的经销商，也许不到一年他就能实现年薪百万的梦想。由于私下里接连吃回扣，孙萌的腰包逐渐鼓了起来，经常请同事吃饭喝酒，或者到高档娱乐场所消费。他的劣迹很快被公司主管发现了，当天他就被开除了。孙萌失去了发展平台，从此一蹶不振，成了一个彻头彻尾的失败者。

仔细观察你会发现，真正成大事者，在功利面前皆懂得冷静，他们并非圣人，也并非没有半点功利心，但对功利从来就没有那么狂热过，他们看淡功利，执着于眼前的事情，反而得到了意外的惊喜。好莱坞导演詹姆斯·卡梅隆在筹拍经典大片《泰坦尼克号》时，为了获得超出预算的资金，自愿放弃报酬，结果拍出了全球非常卖座的电影，一跃成了炙手可热的电影人物。

华人巨富李嘉诚在做塑料花生意时，美国的客户由于厂家倒闭而违约，他完全可以要求中间商付出高额赔偿，然而他没有那么做，随即将所有的货物出口转内销。中间商对其心怀感激，后来主动牵线，促成了他和美国豪商巨贾的合作。李嘉诚获得的资金比当年的赔偿金要高出无数倍。

可见，不热心于功利，不攻于算计、斤斤计较的人，反而更容易分到更大的蛋糕。而那些只想着利益、金钱，把事业当成谋利的手段，尚未付出就想获得高额回报，无论对谁都锱铢必较的人，所得的不过是蝇头小利罢了，永远都不可能得偿所愿。主动远离功利，本本分分做人，踏踏实实做事，面临大事懂得冷静，反而更容易走向成功。

学会体谅他人

柴静在《看见》一书中这样写道："宽容的基础是理解，你理解吗？宽容不是道德，而是认识。唯有深刻地认识事物，才能对人和世界的复杂性了解和体谅，才有不轻易责难和赞美的思维习惯。"的确，很多时候，我们责难别人是因为不宽容、不体谅、不了解，在对一个人缺乏认识的时候，就轻易下了论断。

人是一种感性的动物，我们的思想和行为经常受到情感的左右。基于个人的好恶，我们习惯了轻易评论和指责别人。其实这样做，对于别人是非常不公平不公正的。有些事情你没有亲身经历，便永远无法体会，永远无法感同身受。任何人做事都有他的动机和理由，你不知道背后的原因，就不能不分青红皂白地指责别人。在把愤怒的手指戳向别人之前，一定要冷静，让自己冷静一下，先了解一下事情的原委，给予对方辩白的机会，努力抛开一些主观的判断，还原事实真相，然后再做出公正合理的判断。

一位医生接到医院的电话以后，风尘仆仆地从外面赶到了医院，迅速换上了白大褂，准备为病危的患者实施紧急手术。患者的父亲见了医生之后，非常愤怒，忍不住指责道："你怎么现在才来，有你这么当医生的吗？难道你不知道我的儿子时刻都有生命危险，现在正在生死边缘挣扎，随时都有可能丧命吗？作为医生，你没有一点职业操守，没有一点责任心，真是太过分了。"

医生赶忙解释道："对不起，刚才我不在医院，接到紧急手术的电话马上就赶来了。你的心情我能理解，别太激动了，先冷静一下。"这位父亲听了这话，更生气了："现在都什么时候了，你居然还让我冷静？如果躺在手术台上的是你的儿子，你会怎么样？能冷静吗？如果你也遇上一个不称职的医生，又会怎么样？"

医生说："我会祝福他，为他祈祷，希望他能平安地从手术台上走下来。""只有漠视生命的人才会说出这种话。祈祷，祈祷有什么用？我儿子的生与死和运气无关，完全掌握在你的手上，他要是下不了手术台，责任在你，你明白吗？"患者的父亲恼怒地说。医生没有再说话，开始为男孩实施手术。时间一分一秒地过去了，男孩的父亲心忧如焚，仿佛随时都有可能精神崩溃。手术紧张地进行着，一切进行得很顺利，经过数小时的奋战，医生将生命垂危的男孩从死神手里抢了回来。他如释重负地走出手术室，高兴地对男孩的父亲说："谢天谢地，手术成功了，你的儿子已经脱离生命危险了，他得救了！"男孩的父亲激动得说不出话来。医生没等他答话，兀自转身离开了。临走前，只留下一句话："如果你有什么问题要问，直接问护士吧。我还有事，先走了。"

看着医生离去的背影，男孩的父亲忍不住抱怨道："他怎么这么性急呀？连几分钟时间都腾不出来吗？不能给我说说我儿子的具体情况吗？"护士听了这话，难过地流下了眼泪："你有所不知，他的儿子昨天出车祸死了。医院打电话让他赶回来做紧急手术的时候，他正怀着悲恸的心情赶往殡仪馆。现在，他把你的儿子成功救活了，履行完了医生的职责，该去履行一个父亲的职责，赶去完成自己儿子的葬礼了。"

男孩的父亲万万没有想到事情的真相是这样的，他原本以为医生渎职，不把患者的生命放在心上，现在他才知道事实和他想象的完全不一样，那位医生本来已经请了假，正在为去世的儿子安排身后事，接到电话后想都没想就赶了过来。男孩的父亲想象不到，那位医生是怎样克制住内心的悲恸，延迟儿子的葬礼，匆匆赶去救一个素不相识的人，这需要多大的定力呀。

男孩的父亲思来想去，感到非常后悔，事后他亲自登门向那位医生道了歉，医生说："这没什么，我也是一位父亲，我理解你的心情。"男孩的父亲说："也许我无法理解你的心情，无法感受你正承受着的悲恸，同为父亲，我为你感到遗憾，希望你能节哀顺变。除了表达歉意以外，我还要对你说声谢谢，感谢你救活了我的儿子，我代表我们全家由衷地感谢你。"

有时，你看到的可能只是表象，你不知道它的背后隐藏着什么不为人知的事情。别人正经历着怎样的悲苦和磨难，生活里究竟发生了什么，你全然不知。所以，不要轻易责难别人，不要轻易伤害任何人，要学会体谅他人，以慈悲心和悲悯心对待他人，即便你心里并不喜欢他（她）。当你充分了解了人世的艰辛和生活的心酸以后，就会明白每个人活着其实都不容易，所以人与人不该互相为难，要彼此理解，彼此包容，尽量把温暖和光明带给别人。

悦纳自我，包容别人

心理学上有这样一个理论：当你无法容忍一个人身上某个显著的缺点时，你自己也可能具有类似的缺点。你对他人的不良印象其实是对自我形象的投射。比如你是一个非常内向的人，平时沉默寡言，置身于茫茫人海，经常茫然四顾、不知所措，偶人发现有人比你还要沉默，你会莫名为其感到尴尬，甚至莫名排斥那个和你高度类似的人；再比如你是一个性情反复无常的人，脾气急躁火爆，有时表现得很狂躁，有时很懦弱，当你在另一个人身上发现了类似的弱点时，你会莫名讨厌这个人，起因仅仅是因为他（她）跟你有着一样的特质。

当相同的缺点投射到别人身上时，往往会被放大上百倍，这就好比你脸上有一颗小小的黑痣，揽镜自顾时却发现它变成了一颗丑陋的大黑痣。你不能沉着，是因为从别人身上，看到了自己不那么美好的一面，有一种如芒在背的感觉，潜意识里，你并不想承认自己的真实感受，所以才会迁怒于人。其实大可不必这样。别人并不是你的影子，也不是你的复制品，你不该把对自己的厌憎加在别人身上。要学会反躬自省，正确对待自己的缺点，还要学会悦纳自我，包容别人，尽可能让自己少些暴戾之气，如此你才能拥有一个平和的心境，一个和谐融洽的人际关系。

徐光非常讨厌办公室里的同事，有一天他向朋友抱怨说："如果不是因为工作关系，非要在一起共事，我和他们真的会老死不相往来。""不会吧，难道你们是极品冤家？不妨说说看，他们身上都有哪些毛病，怎么碍着你的眼了？"朋友用半开玩笑的语气问。徐光不假思索地说："先说小侯吧，他这个人非常懦弱，无论做什么事自己都拿不定主意，事事依赖别人，就像一个没有主心骨的小孩子一样，和他共事特别累。"

朋友想了想说："你身上好像也有类似的毛病吧。你平时不是也总是举棋不定吗？所以我才能时常扮演参谋的角色啊。其实我挺愿意为你出主意的，你凡事都想听听我的意见，是因为信任我，一直以来，我都是这样认为的。你和小侯相处不来，我觉得主要是因为你们两个都不喜欢自己拿主意，都想依赖对方，不能形成性格互补。"

徐光沉吟了一会儿说："或许吧。再说说小武吧，他是一个个性直率的人，平时大大咧咧的，哪壶不开提哪壶，真让人受不了。"

朋友听完这番评价又笑了："你似乎也是这样的人。你们俩应该谈得来才对呀，都属于敢爱敢恨、心直口快的类型，你为什么讨厌他呢？"徐光皱眉道："他说话真的很难听，讲话不经过大脑，简直就是个弱智。我平时说话真的是这样吗？"朋友笑而不答。

徐光深深地叹了口气："好吧，就算我也是一个直来直去的人，但至少比他有分寸，情商和智商都要比他略高一点。再说说小谷吧，他是一个不折不扣的完美主义者，无论做什么事情，都要求尽善尽美，总想把风险降至最低，工作极没效率，总拖大家后腿，不到最后一刻就拿不出像样的方案，跟他一起共事，都能把人急死。"朋友抿嘴笑了笑，还没开口，徐光便主动承认道："我知道你想说什么。你是想说我和小谷也是同类人，对吧？我们俩是有一点类似之处，不过并非同道中人。我做事只要求百分之百的好，可他呢，要求百分之一百二十的好，我的工作效率比他要高很多，不像他不到万事俱备，坚决不肯动手干活。"

"看来，你们之间的关系正应了民间的那句老话'不是一家人，不进一家门'。人都说物以类聚，你能遇到跟自己高度类似的人，本该觉得分外投缘才对，为什么莫名讨厌人家呢？"朋友不解地问。徐光说："看到他们，我有一种被打脸的感觉。尽管我不愿承认，但却欺骗不了自己，他们身上的毛病我一样不少。以前我觉得它们都是一些微小的瑕疵，没什么要紧，可是投射到别人身上时，就会被无限放大。看到他们，我就莫名感到羞愧，你明白我的感受吗？"

"我明白。这就好比一个人长得不协调，不照镜子的时候，没发现自己有什么不好，有一天突然照了一下镜子，发现自己长得不美，还有一点丑，自尊心受到了打击，于是就责怪镜中的影像。"朋友解析道，"我觉得你不该对自己求全责备，每个人都有优点和缺点，你换个角度看自己，会发现一个全新的自我，换一个角度看别人，会得出一个截然不同的结论。等你处理好了自己跟自己的关系，基本上也就能处理好跟别人的关系了。"

徐光点点头说："或许你说得对，但要做到这点谈何容易啊！"

从别人身上看到自己的缺点，不必过于惊诧，也不必过于恼火，毕竟人性有许多共通之处，人与人之间是有可能存在相似的缺点的，你有的弱点，别人也可以有，不要因为这个原因憎恶和讨厌别人。别人的存在，不是为了充当你的镜子，你恰巧从中看到了自己不那么光辉的一面，错不在别人身上，而在你自己身上，你没有理由去怪罪别人。

如果你一定要以他人为镜，不妨学学孔圣人："择其善者而从之，其不善者而改之。"努力学习别人身上的优点，把别人的缺点当成一种参照，如果自己也有相同的缺点，就加以改正。从这个角度来说，别人映射出你的缺点未必是一件坏事，它有助于你及时自省，不断完善自身，因此你不但不该怪罪与自己有着相同缺陷的人，还应该感激对方才是。

不要触碰别人的逆鳞

生活中，常有人因为一句看似漫不经心的玩笑，与他人伤了和气，事后每每想来，百思不得其解，不明白别人为何如此小气，居然把一句无伤大雅的玩笑话当真，其实不是别人小气，而是当事人被触到了逆鳞。传说龙喉部以下约莫一尺的位置，长有月牙状倒生的白色鳞片，俗称逆鳞，谁若不小心触碰到了这个敏感地带，就会激怒龙，引来杀身之祸。龙有逆鳞，人也一样，每个人身上都有敏感点和痛处，自己平时小心翼翼地呵护着、隐藏着，不敢触碰，若是被外人触到，自然怒不可遏。

但凡懂得冷静的人，即便一眼看到了别人的逆鳞，也会装作视而不见，绝不会为了凸显自己聪明，冒险触碰逆鳞，更不会当众指出来，以免对方难堪。有的人像探索新大陆一样寻找别人的逆鳞，背后交头接耳、指指点点，更有甚者当众去拂他人的逆鳞，高调地验证以往的某个推断。这些做法都非常不可取。善良的人绝不会这么做，他们会小心翼翼地避开对方的逆鳞，断不会以拂别人的逆鳞为乐。

孙瑶从公司的新人里发现了一位跟自己年龄相仿的男士，对其格外关注。那个同事名叫裴胜，平时少言寡语，但并不高冷，脸上永远挂着暖心的微笑。有一天，孙瑶发现裴胜的脸上粘了一块块肉色的类似于创可贴的东西，非常好奇。她仔细观察了那种若有若无的东西，感觉非常有趣，忍不住问道："你脸上粘的是什么？不细看几乎看不出来，是新型的化妆技术吗？"裴胜没有回答她的问题，随便搪塞了几句便走开了。

孙瑶不甘心放过这么有趣的话题，几步追了上去，纠缠着问："快告诉我呀，你为什么往脸上粘胶布啊？"孙瑶平时说话嗓门就很大，心情一激动，嗓门更大了，她一喊，全体同事都听到了。同事纷纷放下手头的工作，凑到裴胜跟前去看，全都啧啧称奇："这东西与肤色无限接近，不细瞧还真看不出来。"裴胜神色慌张地说："没什么好稀奇的，大家赶快回到座位上工作吧，一会儿老板就来了。"同事们都很扫兴，唯有孙瑶兴致不减，逼裴胜说出实情："你就别让大家伤脑筋乱猜了，直接告诉大家，这东西是做什么用的不就得了，干嘛吞吞吐吐、扭扭捏捏的，像个女孩子一样。"

　　裴胜说他脸上长了很大的痘痘，那一块块创可贴似的东西叫痘痘贴，颜色与肤色相近，专门用来修复痘痕的。孙瑶听完这个解释，忍不住笑起来："没想到你像女孩子似的，那么在乎脸上的痘痘啊。不过话说回来，你都多大了，还长青春痘，真是不可思议。"这句话深深刺痛了裴胜的心，若干年前，也有一个女孩子说过类似的话，她是他的初恋。她比他大四岁，气质出众，身上有一股迷人的成熟风韵，他无可救药地爱上了她，买了100朵玫瑰花摆成她的名字，以一种非常浪漫的方式向她表白，然而她却不为所动，理由很简单，她不喜欢年龄比自己小的男生。他反驳说："年龄和心智是不成正比的，年龄小的男生，如果心理成熟，一样懂得什么叫爱与呵护，同样可以给心爱的女生带来安全感。"她不相信他说的话，非常生硬地说，她不认为满脸长着青春痘的男生，能给她带来安全感。

　　裴胜被这句话刺伤了，因为青春痘，因为那摆脱不掉的青涩和稚气，他失恋了，从此以后，他非常痛恨脸上的青春痘。为了祛痘，他买了不少美容产品，那些产品在最初使用时效果显著，可是过不了多久便失效了，根本抑制不住他脸上层出不穷的痘痘。参加工作后，他仍然没有摆脱这个烦恼，后来他开始使用痘痘贴，没想到第一天使用这东西，就被孙瑶发现了，还搞得全体同事都知道了。

　　从来不发火的裴胜，因为被孙瑶触碰到了逆鳞，立时恼羞成怒："请你说话注意一些，这里是办公室，不是随意闲聊的菜市场。"孙瑶没理他，依旧嘻嘻地笑个不停。过了一会儿，老板进来了，裴胜禀报说，孙瑶带头在办公时间说笑，老板大怒，当场宣布扣发孙瑶的全勤奖，并说："在上班时间不务正业，浪费时间闲谈说笑，比迟到早退更加令人难以容忍。"孙瑶不敢吭声，心里暗暗叫屈，从此开始讨厌裴胜。裴胜更加讨厌她，风波过后，两人关系越来越僵，几乎成了水火不容的对头。

蓄意触碰别人的逆鳞，是对他人最大的不敬，一个人无论心胸多么宽广，性情多么温和，都不可能容忍这种行为，所以如果你不想与人结怨，就千万不要去拂任何人的逆鳞。

从自己身上找问题

俗话说得好："人非圣贤，孰能无过。"每个人都会犯错，但不是所有人都有勇气承认错误，人做了错事或遭遇挫败的时候，普遍喜欢找替罪羊，以此来减轻内心的负罪感和失落感。这样的例子在生活中比比皆是：比如学生考试没考好，怪老师教育方法有问题；家庭主妇晚餐没做好，怪孩子站在旁边碍手碍脚；男人事业不成功，怪女人情感不独立，不能让自己安心在外面打拼；自己没把文件分门别类管理好，怪别人胡乱翻看，打乱了原有的顺序；不小心撞到了障碍物，责怪障碍物挡路，撞了自己……

以上种种表现都是巨婴心理在作怪。所谓的巨婴指的是长不大的成年人，他们拥有成年人的外貌和仪态，心理却像襁褓中的婴孩一样不成熟，不愿为自己的行为承担任何责任。没有人会要求一个婴儿静下心、懂得冷静，为自己的所作所为负责，只要不高兴，他就可以尽情哭闹，让周围所有的人手忙脚乱。成年人犯了错之后不能沉着，不但不思悔改，反而把责任推到别人身上。

不知你是否记得，蹒跚学步的孩提时代，不小心撞到了桌椅，碰伤了自己，非常委屈，第一反应就是举起小拳头猛打桌椅，似乎那些不会移动的物品才是罪魁祸首，而自己则是无辜的受害者。小时候桌椅成了替罪羊，长大之后别人成了替罪羊。如果你不能成熟起来，总是让别人当替罪羊，就会陷入无休止的纷争之中。

范文飞总是感叹人生失意，整天牢骚满腹，要么责怪父母没能耐，不能给他提供优越的成长条件；要么怪女友太过物质，给他增添了太多的经济压力和精神压力，害得他不能游刃有余地掌控生活；要么怪老板太过急功近利，总逼他加班，使他身心俱疲，再也腾不出心力搞创意。

范文飞怨恨周围所有的人，觉得每个人都应该为自己失败的人生买单，而他自己没有做错任何事，不需要为过往的一切承担任何责任。有一天，老板宣布全体员工下班后留下来加班，务必在周五晚上赶出成型的提案。范文飞很不高兴地说："整天说我江郎才尽，脑袋不灵光了，这能怪我吗？把人当机器用，谁的精力不会榨干啊？"老板说："你的同事全都用同样的工作模式工作，为什么别人的创意就层出不穷，而你什么都想不出来呢？问题明明出在你自己身上，整天怨天尤人，是不能解决任何问题的。"范文飞不服气地说："人才和人力是要区别对待的。""人才也要为企业服务吧，所有人才的工作态度都像你一样，什么时候才能提交出成型的提案，难道要让竞争对手抢先吗？这个项目我们必须拿下，这是不容置疑的。你要是不愿留下来工作，那就主动退出吧，等到项目盈利了，千万别跑过来要求分一杯羹。"

范文飞无话可说了。他不得不承认自己的创意枯竭了，再也想不出什么新鲜的东西了，他不知道这一切是怎么发生的，心想也许是年纪大了、观念落伍了，跟不上时代的潮流了。他不愿承认这一点，把问题归咎到了工作模式不合理上。回到租住的公寓后，他感到分外郁闷，偏偏这时候女友又打电话让他早点买房，并暗示说只要有了固定的居所，两人就可以把婚事确定下来。范文飞一听，立即火冒三丈："你是想嫁给房子还是想嫁给我？整天在我耳边唠叨买房子，你知道给我造成了多大的心理压力吗？我现在上班都静不下心来，一个新奇的点子都想不出来，今天刚被老板批评了一顿，你现在又给我气受，难道想把我逼到绝境吗？"

女友不解地说："你想不出点子，被老板批评，难道是我的错吗？""我的灵感全被你的唠叨吓跑了。"范文飞生气地说。"好吧，从今天开始我闭嘴，看你能不能想出好点子。"女友说到做到，从此不在范文飞耳边唠叨了，可是范文飞依然没有捕捉到灵感。有一天，他趴在书案上冥思苦想，什么也想不出，父亲怕他累着，催促他早点休息，没想到他却借题发挥道："我天生就是劳碌命，哪儿敢停下来休息？你要是也像别人的父亲那样有本事有能耐，我至于沦落到今天这个地步吗？"父亲一怔，不敢相信儿子居然说出这样的话来，不由得暗暗伤心。

古人云："知错能改，善莫大焉。"犯了错不要紧，只要能知错改错，随时都可以亡羊补牢、将功补过。犯了错，把罪责推给别人，既不利于自己改过，又会加剧人际冲突，这么做实在是百害而无一利。你要学会把目光从别人身上移开，从自己身上找问题，坦白认错，诚实地面对自己、面对他人，依靠自省的力量实现华丽的人格蜕变，彻底摆脱巨婴状态。

不要嘲笑别人的难堪

人既有审美心理，又有一种奇怪的审丑心理，故看到别人当众出丑，总忍不住幸灾乐祸，表现得非常不沉着。比如听到某个表情严肃庄重、一贯一本正经的人打嗝，或者看到德高望重的大学教授在众目睽睽之下狼狈地摔倒，觉得这一幕非常具有喜剧效果，第一反应就是幸灾乐祸地哈哈大笑，把别人的难堪当成了十足的笑料，根本就不在乎对方的心理感受。

每个人都害怕当众出糗，因为那种在聚光灯下无处遁形的感觉非常不是滋味，可是看到别人不小心出糗，不但没有表现出丝毫的同情，反而把别人的痛苦当成了自己的快乐，这是非常不礼貌的。

如果在别人最难堪的时候，你不懂得冷静，肆无忌惮地大笑了一场，给别人的心灵造成了挥之不去的伤害，那么别人确实有一万个理由反感你、憎恶你。做人还是宽厚一些为好，自己痛恨被嘲笑的感觉，就不要去嘲笑任何人，在他人出丑的时候，要为其保留一点颜面。

周悦和小袁下楼梯的时候，看到同事小牧脚下一滑，忽然摔倒在地，高跟鞋鞋跟当场断裂了，发出咔嚓的响声。小牧身材肥胖，挣扎了半天，也没能从光滑的地板上站起来。小袁见状忍不住哈哈大笑起来，仿佛看到了天底下最好笑的滑稽剧一般。周悦不声不响地走过去，将小牧扶了起来，关心地问："你没事吧，有没有受伤？"小牧红着脸低头道："没事。让你们见笑了。"周悦忙说："地板很滑，谁都有可能摔倒，这没什么，你别太难为情。放心吧，我不会把这件事说出去的。"

小牧真诚地向周悦道了谢，紧接着便把目光转向了小袁，小袁还在咯咯地笑个不停，见小牧紧张地盯着自己看，也打包票说："我也不会乱说的，我的嘴巴最严了，自己笑够了，也就算了，不会再把这种无聊的笑料讲给别人听。"虽然两人均遵守诺言，没有再提过这一件事，但小牧心里每每想起小袁幸灾乐祸狂笑的样子，就不舒服。

　　小袁得罪了小牧，仍然不思悔改，看到别人出丑，依旧幸灾乐祸。有一次公司开庆功宴，老板大张旗鼓地宴请全体员工吃大餐，大家都很高兴，吃得心满意足，玩得不亦乐乎。当日，老板多喝了几杯，手微微有些颤抖，夹菜的时候不小心把菜掉到了饭桌上，他想都没想，就在众目睽睽之下，把饭桌上的菜夹进口里吃了。员工们默然无声，只有小袁忍不住哈哈大笑起来，他第一次见老板从桌上捡菜吃，觉得这一幕简直滑天下之大稽，笑得差点背过气去。

　　听到这刺耳的笑声，老板惊得酒醒了大半，他这才意识到自己刚才失态了。事后，每每想起此事，他都觉得无地自容。这位老板乃穷苦出身，平时非常爱惜粮食，每次用餐都会把食物吃得干干净净，开庆功宴那天他不小心把菜抖落在了桌上，条件反射般地将其夹起来吃掉了，那完全是下意识的动作，本来觉得没什么，被小袁那么一笑，不禁惊出了一身冷汗，他这才觉得自己当众丢脸了。此后，每每看到小袁，他都会想起那段不愉快的经历，为了忘记尴尬的往事，他随便找了个理由就把小袁辞退了。小袁直到被扫地出门，也没弄清自己究竟错在哪里。

　　生活中，我们常被告诫说："不要把自己的快乐建立在别人的痛苦之上。"

　　别人的尴尬、不堪或是悲惨际遇，应该成为我们生活中的笑料吗？它们真的具有娱乐功能和励志功能吗？答案当然是否定的。别人出糗遭殃，并不能让我们的形象更加高大，倘若我们幸灾乐祸，人格发生了扭曲，自己反倒是矮了半分。一个心怀善意的人，任何时候都不会幸灾乐祸地欣赏别人的窘迫，他们会不动声色地帮助对方掩饰尴尬，事后绝不提起，这是对对方的尊重，也是对自己的尊重。

第二章
舍得面子，才能走出虚荣的死胡同

心理学认为，自尊之心，人皆有之，人的尊严不容冒犯。自尊是一种精神需要，是人格的内核。在现实生活中，自尊心的强弱程度因人而异。有的人自尊心特别强，把面子看得高于一切，其实是虚荣心在作祟。有所失必有所得，只有放得下，才能拿得起，舍不得放下自己的面子，是不可能得到别人的赏识的。

虚荣就是爱面子的一个体现，因此在人际交往中，我们不能只顾虚荣而去交往，那样就会得不偿失，也达不到我们的交往目的，还有可能引起大家的不满和鄙视。

死要面子活受罪

"饿死事小，失节事大"，看来肚子问题不是人生最大的问题，脸皮比肚子更重要。兵败乌江的西楚霸王项羽，"且籍与江东子弟八千人渡江而西，今无一人还，纵江东父老怜而王我，我何面目见之"，项羽无颜见江东父老，遂拔剑自杀。

人活一张脸，树活一张皮。人吃饭是为了活着，但人活着不是为了吃饭。故而，有权高位重却布衣素食的贤良，这就是尊严与气节。伯夷、叔齐属殷的旧臣，因武王起兵伐纣，便愤而跑到首阳山去吃野菜，发誓"饿死不食周粟"。后有人告之："普天之下，莫非王土，率土之滨，莫非王臣，你吃的首阳山的野菜，不也是周天子的吗?"伯夷、叔齐后来饿死于首阳山。

男人刮脸，女人美容，油头粉面，眉黛唇红，都是为了面子；揭人不揭短，打人不打脸，也是为了面子。每个人都要面子，无论是有地位的人，还是平常百姓。然而，很多人为了脸上有光而吃尽了苦头。

张小姐眼下正忙于结婚，她和男友决定举办一场隆重喜庆的婚礼，买婚纱就成了当务之急。她跑了很多家商场，有的婚纱她不满意，有的合心意却又买不起，她看中的一件法国进口婚纱标价为28000元，一般人哪能承受得了！再说，婚纱也许一生只能穿一次，除了富豪之家，谁也不愿意为此付出太高的代价。所以很多人都劝她租一套婚纱算了。可是张小姐不愿意因为只穿一次就委屈自己，也不愿意姐妹们夸她婚纱漂亮询问价钱的时候，说自己的婚纱是租的。于是她执意花 2 万多买一套婚纱。而男友因为不想节外生枝，也只能把原先积攒的用于买房子的钱拿出一部分来，给她买这套昂贵的婚纱。

结婚那天，张小姐穿上买来的婚纱时，自然是引来了姐妹们的一番羡慕，可是一番得意以后，姐妹们散场后各回各家，过自己的生活，张小姐却开始后悔买这么贵的衣服了，也只能把它收藏起来，而自己的房子又得推迟一段时间才能住上。

除了结婚时候讲排场，许多人请客吃饭时也讲面子。什么人该请不该请，什么人再三邀请，什么人只不过是随便请请而已，什么人坐首席，什么人作陪，都得考虑周全。被有面子的人请去吃饭固然有面子，能把有面子的人请来吃饭也同样有面子。请客的人，为了给客人面子，明明是觥筹交错，水陆杂陈，也说"没有什么菜"；被请的人，明明是味道不适、胃口不佳，但为了给主人面子，也连连说"好吃好吃"。人家吃了你的，你觉得有面子，吃饭就是吃面子。

婚事大办，请客大办，请人吃饭是掏自己的腰包，自己心疼。"死要面子活受罪"，仿佛人就是为了面子而活，凡事都要在面子上较劲。

死要面子的人一般都活得很累，每说一句话都要考虑别人会怎么看待自己，会不会因为这一句话而伤害某人；每做一件事都要瞻前顾后，生怕因为自己的举动而给自己带来不好的影响。其实，你不可能做到使每个人都满意，而且自己又感觉那么累那么压抑，这是何苦呢？只要不违背常情，不失自己的良心，那么挺起胸膛来做人做事，生活就会轻松快乐得多。

走出虚荣的死胡同

要想在世上寻找一个毫无虚荣心的人，就和要寻找一个内心毫不隐藏低劣感情的人一样困难。

说起来，现实中你也许把非常多的时间用在了努力征得他人的同意上，或者说用在了担心他人不同意你做的那些事情上。如果他人的赞同或同意成了你生命中的"必需"，那么，你又多了一件要干的事。别人赞扬我们时，我们感觉都非常好。谁不愿意被人奉承、恭维呢？但是，如果刻意去寻求他人的赞许，并把它当成了一种必需，就成了爱慕虚荣的表现。

如果你渴望他人的赞许或同意，那么，一旦获得了他人的认可，你就会感到幸福、快乐。但是，如果你陷入这种无法摆脱的虚荣之中，那么，一旦没有得到它，你就会感到失落。这时候，自暴自弃就会悄悄潜入进来。同样，一旦征求他人的同意成了你的一种"必需"，那么，你就把你自己的生活交给了别人。在爱慕虚荣心理的驱使下，为得到他人的认可，别人的任何主张你都必须听从，甚至在很小的事情上。如果人们不同意你，你就不敢轻举妄动。而只有当他们给予你表扬时，你才会感觉良好。

这种征得他人同意的虚荣心极其有害，真正的麻烦随着事事必须请示他人而来。如果你有这样一种虚荣心，那么，你的人生就注定会有许多痛苦和挫折。而且，你会感到自己软弱无力，没有社会地位。如果你想获得个人的幸福，你必须将这种征得他人同意的虚荣心从你的生命中根除掉。

虚荣就是爱面子的一个表现，因此在人际交往中，我们不能只顾虚荣，那样就会得不偿失，也达不到我们的交往目的，还有可能引起大家的不满和鄙视。

莫怕在众人面前出丑

人都希望自己是聪明的，都怕在众人面前出丑。这似乎是决然对立的两件事，聪明人绝不会出丑，出丑的人必然是笨蛋。然而，实际生活并非如此。

聪明的人不在乎当众出丑，出丑了仍若无其事，他们被人嗤笑却自得其乐。他们就这样走向了成功。

安娜读书时网球打得不好，所以老是打输，她不敢与人对垒，至今她的网球技术仍然很蹩脚。安娜有一个同班同学，她的网球比安娜打得还差，但她不怕被人打下场，越是输越打，后来成了令人羡慕的网球手，成了大学网球代表队队员。

聪明是令人羡慕的，出丑总使人感到难堪。但是聪明是无数次出丑中练就的，不敢出丑，就很难聪明起来。

那些勇敢地去干他们想干的事的人是值得赞赏的，即使有时在众人面前出了丑，他们还是洒脱地说："哦，这没什么!"他们还没学会反手球和正手球，就勇敢地走上网球场；他们还没学会基本舞步，就走下舞池寻找舞伴；他们甚至没有学会屈膝或控制滑板，就站上了滑道。

伊米莉只会说一点点法语，她却毅然飞往法国去做一次生意上的旅行。虽然人们告诫她，巴黎人对不会讲法语的人是很看不起的，但她坚持在展览馆、咖啡店、爱丽舍宫用法语与每个人交谈。不怕结结巴巴遭人耻笑吗？一点也不。因为伊米莉发现，当法国人对她使用的虚拟语气大为震惊之状过去后，许多人都热情地向她伸出手，为她的"生活之乐"所感染，从她对生活的努力态度中得到极大的乐趣。他们为伊米莉喝彩，为所有有勇气干一切事情而不怕出丑的人欢呼。

生活中有些人总是拒绝学习新东西。他们因为害怕出丑，宁愿封闭自己，限制自己的乐趣，禁锢自己的生活。

若要改变自己在交际中的形象和角色总要冒出丑的风险，除非你决心在一个地方、一个水平上"钉死"了。不要担心出丑，否则你就会无所收获，而且更重要的是你同样不会心绪平静、生活舒畅。在社交中，由于我们害怕出丑也许会失去许多机会，我们应该记住一句法国谚语："一个从不出丑的人并不是一个聪明人。"

消除渴望被赞许的心理

人人都希望得到别人的赞许，但是要有个度。尽管赞许会让你的面子增色不少，但却是精神上的死胡同，绝不会给你带来任何益处。

一位名叫奥齐的中年人，每当自己的观点受到嘲讽时，他便感到十分沮丧。为了使自己的每一句话和每一个行动都能为每一个人所赞同，他费了不少心思。他向别人谈起他同岳父的一次谈话。当时，他表示坚决赞成"安乐死"，而当他察觉岳父不满地皱起眉头时，便几乎本能地立即修正了自己的观点："我刚才是说，一个神志清醒的人如果要求结束其生命，那么倒可以采取这种做法。"奥齐在注意到岳父表示同意时，才稍稍松了一口气。

他在上司面前也谈到自己赞成"安乐死",然而却遭到强烈的训斥:"你怎么能这样说呢?这难道不是对上帝的亵渎吗?"奥齐实在承受不了这种责备,便马上改变了自己的立场:"……我刚才的意思只不过是说,只有在极为特殊的情况下,如果经正式确认绝症患者在法律上已经死亡,那才可以截断他的输氧管。"最后,奥齐的上司终于点头同意了他的看法,他又一次摆脱了困境。

当他与哥哥谈起自己对"安乐死"的看法时,哥哥马上表示同意,这使他长长地出了一口气。他在社会交往中为了博得他人的欢心,甚至不惜时时改变自己的立场和观点。就个人思维而言,奥齐这个人是不存在的,所存在的仅仅是他人做出的一些偶然性反应;这些反应不仅决定着奥齐的感情,还决定着他的思维和言语。总之,别人希望奥齐怎么样,他就会怎么样。

现实生活中,这样的人不少。

有一个做秘书的,领导让他看一篇报告写得如何。他看过来汇报,说:"我认为写得还不错。"领导摇了摇头。秘书赶快说:"不过,也有一些问题。"领导又摇摇头。秘书说:"问题也不算大。"领导又摇摇头。秘书说:"问题主要是写得不太好,表述不清楚。"领导又摇摇头。秘书说:"这些问题改改就会更好了。"领导还是摇头。秘书说:"我建议打回这个报告。"这时领导说了:"这新衬衣的领子真不舒服。"

一旦寻求赞许成为一种需要,做到实事求是几乎就不可能了。如果你感到非要受到夸奖不行,并常常做出这种表示,那就没人会与你坦诚相见。同样,你不能明确地阐述自己在生活中的思想与感觉,你会为迎合他人的观点与喜好而放弃你的主见。

人在社会交往中必然会遇到一些反对意见，这是不可避免的。所以要消除你希望被赞许的心理，这样才能让你在社会交往中如鱼得水。

舍得面子才能得人心

所谓周公吐哺，天下归心，得人才者得天下。但是"千军易得，一将难求"，为了求得人才，许多成大事之人都是礼贤下士，可见要想求得真正的栋梁之材，大人物首先要放下架子，舍得脸面。

刘备为得到诸葛亮，三顾茅庐，当他第三次去的时候，关羽很不高兴，张飞说，干脆用一根麻绳把诸葛亮捆来算了。刘备呵斥他们说："汝二人岂不闻周文王谒姜子牙之事乎？文王且如此敬贤，汝何太无礼！"三人离茅庐还有半里之遥，刘备便下马步行。走到诸葛亮家时，恰逢诸葛亮正高卧草堂，刘备不让通报，恭恭敬敬在阶前等候直到诸葛亮醒来。而正是因为刘备得到诸葛亮的辅佐，才最终成就了霸业。

在现代商业社会中，人的才能虽然主要靠管理发挥出来，但是情感因素的作用也绝不能小视，请看下面的例子：

汽车轮胎公司的经理肯特，有一次在一家酒馆饮酒时，无意中碰到一位喝得酩酊大醉的青年，醉汉借酒撒疯，对肯特大打出手。

事后，肯特从店主人那里了解到，这位青年发明了一种能增加轮胎强度的方法，而且申请到了专利。但他找了好几家生产汽车轮胎的厂商，请求他们购买他的专利，都碰了壁，而且被他们视为异想天开，所以，他感到怀才不遇，整日闷闷不乐，来这里借酒消愁。

肯特得知这些情况后，对这位青年对他的不恭毫不介意，决定聘请他来自己公司做事。一天早晨，他在这个青年上班的工厂的门口等到了他，这个青年却心灰意冷，不愿向任何人谈起他的发明。他不理肯特，径自进工厂干活去了。但是，肯特一直等在工厂的大门口。中午，工人下班了，却不见那位青年的踪影。有人告诉肯特，那青年干的是计件的工作，上下班没有一定的时间。这天，天气很冷，风也很大，但肯特一直没有离去，因为他怕就在他离开的那一会儿，那位青年下班走了。

就这样，肯特从早上 8 点一直等到下午 6 点。那位青年终于走出厂门，他被肯特深深地感动了，他答应了与他合作。原来，吃午饭时，这位青年出来看到肯特等在门口，便转身回去了。后来，他见肯特一天不吃不喝，在寒风中等了近十个小时之久，不禁动心了。肯特正是求得了这位青年后，才推出了新的汽车轮胎产品，并使自己的品牌最终享誉全球。

成就事业必须靠人才，这是人人都懂的道理。获得了人才，对一个求贤者来说，可谓增加了一条有力的臂膀，但在实际生活中，人才有大有小、有真有假，并不是一眼就能看得出来的。这就要求求贤之人屈尊相求，礼贤下士，只有这样才能将人才尽收囊中。

做人要敢于抛开面子

1076 年，德意志神圣罗马帝国皇帝亨利与教皇格里高利争权夺利，斗争日益激烈，发展到了势不两立的地步。亨利想摆脱罗马教廷的控制,教皇则想把亨利所有的自主权都剥夺殆尽。

在矛盾激烈的关头,亨利首先发难,召集德国境内各教区的主教们开了一个宗教会议,宣布废除格里高利的教皇职位。而格里高利则针锋相对,在罗马的拉特兰诺宫召开了一个全基督教会的会议,宣布驱逐亨利出教,不仅要德国人反对亨利,也在其他国家掀起了反对亨利的浪潮。

教皇的号召力非常之大,一时间德国内外反对亨利的呼声声势震天,特别是德国国境内大大小小的封建主,都兴兵向亨利的王位发起了挑战。

亨利面对危局,被迫妥协,于1077年1月身穿破衣,只带着两个随从,骑着毛驴,冒着严寒,翻山越岭,千里迢迢前往罗马,向教皇请罪忏悔。

但格里高利不予理睬,在亨利到达之前去了远离罗马的卡诺莎行宫。亨利没有办法,只好又前往卡诺莎拜见教皇。

到了卡诺莎后,教皇紧闭城堡大门,不让亨利进去。为了保住皇帝的宝座,亨利忍辱跪在城堡门前求饶。

当时大雪纷纷,天寒地冻,身为帝王之尊的亨利屈膝脱帽,一连在雪地上跪了三天三夜,教皇才开门,饶恕了他。

这就是历史上著名的"卡诺莎之行"。

亨利恢复了教籍,保住帝位返回德国后,集中精力整治内部,然后派兵把封建主各个击破,把那些曾一度危及他王位的内部反抗势力逐一消灭。在阵脚稳固之后,他立即发兵进攻罗马,以报跪求之辱。在亨利的强兵面前,格里高利弃城逃跑,最后客死他乡。

在人生的道路上,不可能一帆风顺,在某些情况下,丢弃面子是必要的,保住实力才是主要的,"留得青山在,不怕没柴烧"。

不要维护虚伪的自尊

脸皮太薄恐怕是影响人开拓交际圈的主要障碍。如果从交际的需要出发，让自尊心保持一定的弹性，把握好度，就能在交际场上游刃有余。

小王是一位初学写作的文学青年，花了半年时间写了一篇小说。他信心十足地来到编辑部，没想到一个编辑看后，直摇头，当着很多人的面，说："你这写的是什么？连句子都不通，哪儿像小说！……"说得他满脸通红，就想回敬一句："你仔细看了吗？"可是，他忍住了，反而以请教的口气说："我是第一次写小说，还希望老师给予指正。"从编辑部回来他没有泄气，反而更加奋发，写完后又厚着脸皮去找这个编辑。真是不找不成交，这一次编辑的态度变了，提了一些修改意见。后来小说发表了，他和编辑还成了朋友。

改变一下看问题的角度，不要光想着自己的面子，还要看到比这更重要的东西，比如事业、工作、友谊，等等。

在《三国演义》中，曾有一出"孔明骂死王朗"的好戏，这其实就是一场心理战。

227 年，孔明兵出祁山，曹真率兵迎战，二军对垒于祁山之前。在决战前，双方先来了个"骂阵"。先是王朗策马阵前，向孔明劝降，他说："你通达天命，亦识时务，为何要毫无理由地挑起战争？要知道，天命有变，帝位更新，归于有德之士，这是颠扑不破的道理……"接着便大赞曹操一番，指出，顺天者昌，逆天者亡，劝孔明快快归顺大魏。王朗也是能言善辩之士，他以理劝诱，使蜀军兵将不觉动容。

参谋马谡认为，王朗不过是效法从前季布大骂汉高祖，试图以气势破敌。王朗讲罢，孔明却哈哈大笑，朗声斥道："你原是汉朝元老，我还以为有什么高见值得洗耳聆听，没想到，说出来的却全是混账话……此次，我奉君命出兵，旨在讨伐逆贼，大义分明，日月可鉴。你胆敢站在阵前，厚颜无耻地大说天命如何，简直是荒谬透顶。你这个皓首匹夫，白须叛贼，想必即将奔赴冥府。到时候，你有何面目，见汉朝二十四帝?! 你且快快滚到一边，派出别人来一决胜负吧。丑恶如你，哪有在此撒野的资格?"孔明刚说完，王朗就口吐鲜血，落于马下，当场毙命。

王朗是被气死的，也可以说是由于脸皮太薄而死。王朗脸皮之所以薄，是因为他不自信，缺乏忍耐力。虽然他也讲人应顺应历史的规律而行事，但他在骨子里更害怕"叛臣逆子"这个罪名，一旦被别人揭了伤疤，说到痛处，便羞恨交加，最终落马而死。

所谓"脸皮"不过是人的自尊心的一种通俗形象的说法。心理学认为，自尊之心，人皆有之，人的尊严不容冒犯。自尊是一种精神需要，是人格的内核。从一定意义上说，维护自尊是人的本能和天性。在现实生活中，自尊心的强弱程度因人而异。有的人自尊心特别强，把面子看得高于一切，其实是虚荣心在作祟。

但这并不是说不要个人尊严，而是说要把握一定的分寸，当然，对于一些特定的问题，在特定的场合，为了维护尊严，必须进行针锋相对的斗争。至于有人极力维护的自尊，实际上是在维护自己的虚荣心，是一种不健康的心理。所以，要对自尊心进行分析，要维护真正的积极的自尊，不要维护虚伪的消极的自尊。这样，当我们在社交场上，才能恰当地把握自尊的弹性，成为交际的强者。

第三章
把握当下，将来一定会感激现在的奋斗自己

　　没有人应该浑浑噩噩地过日子，所有人都应该为了更好的生活而奋斗，可以是物质生活，也可以是一种精神境界，无论是哪一种，都需要你遏制懒惰的因子，这样你才能为自己创造出一个别样的世界。

　　昨天已经成为过去，后悔也无济于事，而明天的问题无法预知，也无法解决，我们能把握住的只有今天。把握好今天，做好当下的一切，让今天过得充实而有意义，你的生命就有了光彩，就有了无与伦比的价值。

做好当下的一切

很多时候，我们都在说要珍惜时间，但是，当回顾自己的所为时，我们又不断地抱怨自己浪费了时间。到最终，你才发现自己的生命都在浪费中度过了。当然，我们现在并没有走到尽头，所以还有扭转的机会。从今天开始，比起抱怨过去的虚度，坐待明天的到来，不如奋起努力，把握今天。

昨天已经成为过去，后悔也无济于事，而明天的问题无法预知，也无法解决，我们能把握住的只有今天。今天就在眼前，珍惜今天，不仅可以弥补昨天的不足和遗憾，更能为迎接明天的朝阳做好准备。

在纽约街区的一个屋檐下，有三个乞丐正在聊天。

一个乞丐说："如果不是去年股票暴跌，我早都成为千万富翁了……"另一个乞丐说："那是多久以前的事啦，还提呢，看着吧，我明天去对面那条街上的垃圾桶看看，说不定那里面就有张百万美元的支票，哈哈……"第三个乞丐没有言语，他觉得现在最要紧的是如何填饱肚子，而不是说着一些对自己没有意义的话，于是去别处寻找食物。而谈话的两个乞丐聊累了，开始睡觉。也许在梦中，他们正在回忆着自己辉煌的过去和构想美好的未来呢。

第二天早上，当人们起来时，两个乞丐已经没气了，而那个寻食的乞丐，正吃得香呢。

　　追忆、幻想都不如行动来得实在，你在想没有实际意义的事情时，你在悲天悯人而不付诸行动时，都是在浪费自己的时间。时间是生命的堆积，过去了一天就等于消逝了一天的生命，如此宝贵的时间，为什么还要用来哀叹，用来荒废、虚度呢？

　　你为逝去的昨天感到伤感，为即将到来的明天感到恐慌，因为你听见了时间流逝的声音，听见了生命逝去的声音，可所有人都是如此，你又有什么办法呢？还不如实际一点，抓紧今天，不荒废今天，从现在开始努力。

　　有一首诗说得好：

　　昨天已经成为过去，请不要为之叹息；

　　明天还只是个未来，你不必有太多的忧虑；

　　只有今天，才是你真正的拥有；

　　抓住今天，你的梦才能实现；

　　昨天是成功的阶梯，明天是奋斗的继续。

　　把握不住今天，不管你的昨天多么辉煌，也不管你的明天会有多宏伟，对现在的你来说，都是不现实的。正如惠特曼所说："我现在这一分钟是经过了过去无数亿万分钟才出现的，世上再没有比这一分钟和现在更好。"

　　人生是等待的过程，但又不只是等待的过程。很多时候，我们总是把今天的事情拖在明天来做，总以为明天才是自己起航的始发点，往往对明天充满期待，而对眼前的今天视而不见，但是，到了明天，又会把事情拖到下一个"明天"，却不知"明日复明日，明日何其多"？

　　有一个名叫里德的小伙子，长得阳光帅气，但却一无所成，一无所有，生活得很是无聊。有一天，他去自己的大学老师那里诉说苦闷，希望老师能给他的未来指一条明路。

老师问他："你到底怎么了？"

里德说："我都快三十了，却还一无所有，老师，你说我该怎么办呢？你能给我指个方向吗？我现在连自己的人生价值都找不到。"听了里德的话后，他的老师笑着摇了摇头说："你觉得你一无所有，但我感觉你和别人一样富有，因为你拥有的时间和别人一样多。"

里德苦涩地说："那又能怎么样呢？它们既不能当荣誉，也不能当金钱换顿饱饭……"

老师打断了他的话，问道："难道你不认为它们很重要吗？如果有人给你 1 万美元，让你马上变为 40 岁，你愿意吗？"

"当然不愿意？"

"那么如果有人愿意出 100 万美元要你马上变成 80 岁的老翁，你愿意吗？"

"傻子才会答应这样的事。"

老师笑着说："看到了吧，其实，你很富有，因为你有足够多的时间，时间就是你的财富。"

老师觉得里德似乎还不怎么理解自己的话，于是接着说："你可以去问一个刚刚延误飞机的游客，一分钟值多少钱；你再去问一个刚刚死里逃生的人，一秒钟值多少钱；最后，你去问一个刚刚与金牌失之交臂的运动员，一毫秒值多少钱？"

听了老师的话，里德羞愧地低下了头。老师继续说："只要你明白了时间的珍贵，并珍惜它，专注于自己想做的事，那么你就会成为一个真正的富人。"

里德带着老师的教导离开了，他开始思考自己下一步该怎样做。他先找到了一份做设计的工作。两年后，他创立了自己的工作室。就在他 35 岁那一年，他拥有了自己的广告公司。

上帝每天给予任何人的时间都是 24 小时，如果你勤奋，并珍惜它，那你的生命之树就会结出串串果实；如果你是懒惰的，那你最后只能带着一头白发，两手空空地哀叹曾有的岁月。

我们要珍惜今天、把握今天，就要珍惜当下的每分每秒，组成时间的材料虽然看起来微小，但是却都有着各自不同的意义。要知道，这些看起来微不足道的时间可以让你的梦想成为现实，也可能让你一生平平庸庸、碌碌无为。

随着时光的流逝，一切都会改变，如果任其荒废，即使搭上整个生命，也是耗不起的。所以，不要再为走过的昨天扼腕叹息，也不要为还未到来的明天满怀豪情。把握好今天，做好当下的一切，让今天过得充实而有意义，你的生命就有了光彩，就有了无与伦比的价值。

给自己一个承诺

当我们想要做一件事情的时候，都会感到恐惧，不知如何是好，这个时候，我们渴望着别人的一个承诺，让我们安下心来。确实，这很有作用，但并不是任何时候都有人可以给予我们承诺的，这个时候难道我们就要一直悬着一颗心，在选择面前犹豫不决吗？

其实，我们还有另一个选择，那就是自己给自己一个坚实的承诺。这比任何东西都重要，因为这就意味着给了自己一颗奋斗不止的雄心，它能给我们每个人带来不少期盼，同时还会激励我们向前。

其实，每个人身上都蕴藏着天赋，它会像金子一般在自己淡然的生活中平添几分美丽，而那些总觉得自己一无是处的人却永远看不到自己的闪光点。无论所处的环境是怎样的，我们都要试着给自己一个承诺，然后为了它努力奋斗，迟早有一天，命运会向你展开微笑的脸庞，从此你的生活也会发生翻天覆地的变化。

要学会向自己承诺，就要让他人感受到自己的独特；就要阻止任何烦恼的事来惊扰自己的内心；就要时时刻刻看到事情光亮的一面；就要乐观积极地为自己尽力去争取；就要用自己的坚强挑战生命中的每一个艰难时刻；就要不怨不怒，无所畏惧地迈开前行的步伐；就要以宽广的胸怀去主动拥抱未来的成功。

有时候，你渴望拥有的东西现在不属于你，但不代表它永远不能属于你，先给自己一个承诺，告诉自己这是未来自己所有的，那么未来的某一天，通过你的拼搏，一定能够得到自己想要的一切。

在现实生活和工作中，我们每个人都应给自己一个承诺，它可以时刻鞭策我们成长，时刻激励我们前行，只要辛勤地给它阳光、空气和水，将来的某一天，这颗梦想的种子会生根、发芽、开花、结果！总之，请给自己一个有力的承诺吧，这比什么都重要！

深度挖掘自己的潜能

一个人的能力极限在哪里？恐怕这个问题没人能回答上来，因为人们有着一种特殊的能力——潜能。这种能力可以说是我们的，但并不属于我们。为什么这样说呢？举个例子，潜能就像是自家土地下深埋的金子，虽然它在自家地下，但不去挖掘，这种东西就不能说是你的。

看看周围的人吧，有多少人总是抱怨自己不堪重负？其实这些人不是不能承受这些压力，而是不想去面对这些。成功人士哪一个不比我们遇到的困难多？哪一个不比我们的压力大？但他们仍旧能够坚持走下去。说到底，是因为他们开发了自己的潜能，提升了自己的能力。

在新闻当中，曾说过有个孩子情急之下为了救母搬动了汽车，在众人看来这简直不可思议，但奇迹就这样发生了，因为在关键时刻，男孩渴求救母的欲望化成了一种无坚不摧的能量。每个人都有可能创造奇迹，只要你能够豁出去，选择拼搏。

小山真美子是日本札幌市的一位年轻妈妈，她天生身材矮小。一天，她正在楼下晒衣服，突然看到她4岁的儿子从8层的家里掉了下来，马上就要跌落在地上。

见状，小山真美子飞快地奔过去，赶在孩子落地之前将孩子接在了怀里，结果，儿子只受了一点轻伤。

该则消息很快就在《读卖新闻》发表，日本盛田俱乐部的一位法籍田径教练布雷默对此非常感兴趣。这是由于当他按照报纸上刊出的示意图仔细计算了一下时，发现从20米外的地方跑过来接住从25.6米的高处落下的物体，一个人必须跑出约每秒9.65米的速度才能到达，就是在短跑比赛中，这个速度也是没有人可以达到的！

后来，布雷默就专门为这件事找到了小山真美子，问她那天是怎样跑得那么快的。小山真美子回答道："是对孩子的爱，因为我不能看着他受到伤害！”于是，布雷默得出了一个结论：实际上，人的潜力是没有极限的，只要你拥有一个足够强烈的动机就能将潜能挖出来！

回到法国以后，布雷默专门成立了一家“小山田径俱乐部”，以此激励运动员要很好地突破自我。最终，布雷默手下的一位名叫沃勒的运动员在世界田径锦标赛上获得了800米比赛冠军。

当媒体的记者争抢着问他如何在强手如林的比赛中夺冠的时候，沃勒轻松地回答道：“小山真美子的故事一直激励着我，因此在比赛的时候，我就始终想着，我就是小山真美子，我飞奔着是要去救孩子！”

不得不说，小山真美子能创造短跑速度的奇迹，凭借的是她在瞬间爆发出来的潜力，而沃勒之所以能够夺冠，也是因为受到了小山真美子救子的激励，也将自己体内的潜能挖了出来。如此看来，每个人都具有潜能，它就像一座大“金矿”，蕴藏着无穷的力量和动力。如果我们要想获得事业上的成功，肯用积极的心态将潜能发掘和利用起来，它一定会助我们一臂之力。

一般情况下，有不少人都认为，他人做不到的事情，自己一定也是做不到的。于是，就会习惯性地安于现状，绝不会主动去改变现状，这样一来，潜能自然就得不到开发，并且，最可怕的是，它还会随着我们年龄的增长而慢慢退化。

曾有专业人士调查研究，得出了这样的结论：“凡是普通人，其实只开发了蕴藏在自己身上十分之一的潜能，可以说，每个人不过都处于半醒着的状态。”是啊，我们的身体就如同一个宝库，潜能就蕴藏于其中，只是因为我们都未接受过相关的潜能训练，所以，我们的潜能就不能很好地发挥出来。一旦将我们身上的潜能挖掘出来，在我们的一生中就能够起到"点石成金"的重要作用。

在现实生活中，也只有那些勇于挑战，具有强烈进取心之人，才能将潜能挖掘出来，从而取得辉煌的成就。

大家一定熟知班·德雯，他在保险销售行业里，真可谓是一位杰出人物。

他在连续数年达到了每月10万美元的销售业绩，并成为大家所追求的、卓越超群的百万圆桌协会会员。

他在约50年内，平均每年都达到了将近300万美元的销售额。除此之外，他的单件保单销售曾做到了2500万美元，甚至一个年度就超过了1亿美元的业绩。曾经有过数字统计，在他的一生当中，他共销售出去了数十亿美元的保单，高于整个美国80%的保险公司销售总额。

可以说，在销售保险的历史上，没有任何一个业务员能够超越过他，然而，他实现的这一切，却是在他家方圆40里内，有1.7万人，一个叫作"东利物浦"的小镇上创造出来的。

在谈到自己的成功时，费德雯不无感慨地说："我之所以能够获得成功，是因为我有一颗强烈的进取心。而那些对自己的生活方式与工作方式完全满意的人，他们却陷入了一种常规。如果这些人既无任何鞭策力，也没有进取心，那么，他们也只能在原地徘徊。"

潜能成功大师安东尼·罗宾曾经这样说过："并非大多数人命里注定不能成为爱因斯坦式的人物，任何一个平凡的人，只要发挥出足够的潜能，都可以成就一番惊天动地的伟业。"

可以说，发挥潜能的程度是由自己的勤奋度决定的，凡是积极进取的人，就能深度挖掘自己的潜能，凡是消极懈怠的人，任何事情都会抱以"得过且过"的态度，潜能自然就得不到开发和利用。

20 世纪的科学巨匠爱因斯坦，在他逝世以后，科学家们便开始研究他的大脑，最终得出了这样的结论：无论是从哪个方面衡量，爱因斯坦的大脑都和常人的一样，并没有什么特殊性。其实，这就说明了一个问题，爱因斯坦之所以能够取得常人不能取得的成功，关键就在于，他超乎常人的那份勤奋和努力。

所以说，不管我们处于人生中的哪个高峰和哪个低谷，都不要陷入满是怀疑、否定的沼泽地里，而是要以积极的心态将潜能挖掘出来，因为，无穷的潜能才是帮助我们创造人生奇迹的坚定基石。

一分耕耘，一分收获

许多人都忽略了积少才可以成多的道理，一心只想一鸣惊人，而不去勤奋努力地工作，等到忽然有一天，看见比自己起步晚的人，比自己天资笨拙的人，都已经有了可观的收获，才惊觉自己这片地里还是颗粒无收，这时才明白，不是自己没有理想或志向，而是自己一心只等待丰收，却忘记了要勤奋播种、施肥、除草。

这个世界上确实有天才，但天才不等于可以不努力。世人眼中的哈佛是世界最高学府，能进哈佛的学生一定天赋异禀，可是哈佛的校训中就告诫人们只有勤奋才能有所收获。

爱因斯坦曾说过："人的差异在于业余时间。"每人每天工作的时间都是 8 个小时，付出的也都差不多，获得回报也差不多，但要想改变自己的人生，让自己与别人不一样，那么就必须用上业余时间，谁的业余时间用在学习上的越多，那么他获得成功的概率就越大。

1903 年，在纽约的数学学会上，一位名叫科尔的数学家成功地解答了一道世界数学难题。在人们的惊诧和赞许声中，有一个人向科尔恭维道："科尔先生，你是我见过最有智慧的人。"

科尔笑了笑，回答道："我不是最有智慧的，我只是比你们更勤奋罢了。"

听到了科尔如此回答，那个人很疑惑。科尔说："你知道我论证这个课题花了多少时间吗？"

那个人说："一个礼拜。"科尔摇了摇头。

"一个月？"科尔还是摇了摇头。

那个人见到科尔否定，很吃惊地问："我的天啊，不会是一年吧！"

科尔笑了笑，回答："先生，你错了，不是一年，而是三年内的所有星期天。"

一分耕耘，一分收获的道理是永远不会变的。在成功的路上，人人都希望有捷径，能够付出最少的努力获得最大的收益，事实上这是不可能的事情，成功的唯一捷径就只有勤奋。

即便你聪明绝顶，不肯花时间、花精力，最终也只能被普通人超越。

人生是一个过程，重在拼搏，无论任何人，终点都是死亡，这是没有差别的。重要的是你的过程要怎样度过，想着每天享受，那么最终定会因为之前的享受而懊悔。一开始就习惯于拼搏的人，最终会陶醉在这个过程中，到老时说不定还能写下一本厚厚的回忆录来记录自己精彩的人生。

据说哈佛大学的图书馆昼夜都开放，即便凌晨4点也会有很多人在那里学习。在他们看来，一生实在太过短暂，想要知道更多的真理，就需要付出更多的努力，利用每一分每一秒。

没有人应该浑浑噩噩地过日子，所有人都应该为了更好的生活而奋斗，可以是物质生活，也可以是一种精神境界，无论是哪一种，都需要你遏制懒惰的因子，这样你才能为自己创造出一个别样的世界。

曾有人问李嘉诚成功的秘诀，李嘉诚讲了这样一则故事：曾有一位从事推销行业的新人，问日本"推销之神"原一平的成功推销秘诀是什么，原一平当场脱掉鞋袜，对他说："请你摸摸我的脚板。"

这个新人满脸疑惑地摸了摸对方的脚板，十分惊讶地说："您脚底的老茧好厚呀！"原一平说："因为我走的路比别人多，跑得比别人勤。"这个新人略微沉思后，顿然醒悟。

李嘉诚讲完故事后，微笑着说："我没有资格让别人来摸我的脚板，但可以告诉你，我脚底的老茧也很厚。"当年李嘉诚每天都要背着样品的大包马不停蹄地走街串巷，从西营盘到上环再到中环，然后坐轮渡到九龙半岛的尖沙咀、油麻地。

李嘉诚说："别人8小时就能做好的事情，如果我做不好，我就用16个小时来做。"

李嘉诚早年在茶楼当跑堂，拎着大茶壶，每天10多个小时来回跑。后来当推销员，依然是背着大包一天走10多个小时的路。李嘉诚脚底的茧子未必没有原一平的厚。

勤奋是成功的根本、基础、秘诀。没有勤奋，即使你天赋奇佳，也只能碌碌无为一生。任何一项成功都不可能唾手而得。因此，人应当在年轻的时候就培养"勤奋努力"的习惯。

日本最成功的企业家之一松下幸之助说过："我在当学徒的七年当中，在老板的教导之下，我养成了勤奋的习惯。所以他人视为辛苦困难的工作，我自己却不觉得辛苦，反而觉得快乐。青年时代，我始终一贯地被教导要勤奋努力，所以，我能力提升得很快，让我抓住了很多的机会。"

机会说不定什么时候就会降临，但有时只是因为手脚慢了一步便错过了。这不是机会给你的时间太少，而是你的动作不够快。不是你的能力不够，而是你不够勤劳。就像李嘉诚说的那样，8个小时做不好的事情，就花上16个小时的时间去做。勤能补拙，只要肯付出勤劳，就没有得不来的成功。

克服惰性思维

行为上的懒惰，让人错失良机，陷入被动。而思维上的懒惰，让我们变得故步自封，冥顽不化。所以，我们不仅要克服行为上的懒惰，更要克服惰性思维。

如果具体地来解释这个名词，那么惰性思维可以解释为人类思维深处存在的一种保守的力量。拥有惰性思维的人，总是用老眼光来看新问题。他们懒得接受新思想，因而他们总是喜欢抱着过去不放，用曾经被反复证明有效的旧概念去解释变化世界的新现象。

在生活的旅途中，我们如果总是按照一种既定的模式运行，固然会显得很轻松。但是长此以往地下去，就会衍生出消极厌世、疲沓乏味之感。所以说，惰性思维让生活更加乏味。

更为可悲的是，如果走不出思维定式，我们往往走不出宿命般的可悲结局。

　　一家马戏团突然失火，人们四处逃窜，所幸没有人员伤亡。但令马戏团老板伤心和不解的是：那只值钱的大象却被活活地烧死了。

　　"这怎么可能呢？拴住大象的仅仅是一条细绳和一根小木桩啊！"老板怎么也想不通。

　　通常，没有表演节目时，马戏团人员会用一条绳子绑住大象的右后腿，然后拴在一根插在地上的小木桩上，以避免大象逃跑。我们都知道以大象的力量，可用长鼻子卷起大树，拖拉巨大的木材。甚至可以一脚踏死动物。为什么它如今则乖乖地站在那里呢？

　　原来，当这头小象被捕捉时，马戏团害怕它会逃跑，便以铁链锁住它的腿，然后绑在一棵大树上。每当大象企图离开时，它的腿被铁链勒得疼痛、流血，经过无数次的尝试后，小象未能成功逃脱。于是在它的脑海中形成了一旦有条绳子绑在它的腿上，那就永远无法逃脱的印象。因此，当它长大后，虽然绑在它腿上的只是一条小绳子或一根小木桩，但它却懒得再去思考拴住它的是什么东西。

　　对于这头大象而言，惰性思维让它懒得挣脱束缚，最后被大火活活烧死。这样可悲的结局我们自然要避免。也许你觉得这样愚蠢的事情不会发生在自己身上，但这个世界瞬息万变，一切都是有可能发生的，你若是不肯改变固有的惰性思维，习惯拖沓，那么你永远都不会选择拼搏，最终的你将会变得一无所有。

　　如果想要克服惰性思维，就有必要先了解惰性思维的几种表现形式。对于一个人而言，如果身上沾染上了以下三种毛病，就可以断定他陷入了惰性思维的怪圈。

第一个毛病就是只把精力投入到表面。

透过现象看本质，把对表面的感性认识上升到对本质理解的理性认识。这个道理其实我们大家都懂，然而事实上我们却又总是习惯于被表象所迷惑，甚至一再地重复犯错。

我们有句成语叫"碌碌无为"，忙忙碌碌却无所作为！很多时候很多人，总是一副忙得不可开交的样子，然而一旦让他们细细回想一下，却又会茫然于其忙的意义所在。总把过多的感情与精力投入到了外在的表象，而忽视甚至无视事物本质的东西。

第二个毛病是总在想当然。

我们总是习惯于以"我想应该是这样的"为借口，来作为搪塞我们进一步思索的理由，而懒于进一步地去思考。却也一次次地导致了我们与一个个机会的失之交臂。

其实很多事情，总和我们以为的不一样。就像那只井底之蛙所以为的天只有井口那么大一样，所有的"想当然"不过都是人们主观臆想的产物，感性的东西，而现实终究是客观的。

第三个毛病最可怕，那就是不寄予希望。

"与其还要跌倒，不如不再爬起。"总有些人如此消极地以为，跌倒而不再爬起。

曾有人做过这样一个实验：将一条鲨鱼和一群热带鱼放在同一个池子里，然后用钢化玻璃隔开。最初，鲨鱼每天都不断冲撞那块透明的玻璃，奈何这只是徒劳，始终无法过到对面去，而实验人员每天都会放一些鲫鱼在池子里，所以鲨鱼也没缺少猎物，只是它仍想到对面去，每天仍是不断地冲撞那块玻璃，它试了每个角落，每次都是用尽全力，但每次也总是弄得伤痕累累，有好几次都弄得身体破裂出血，持续了好长一段日子，每当玻璃一出现裂痕，实验人员则马上加上一块更厚的玻璃。

后来，鲨鱼不再冲撞那块玻璃了，对那些斑斓的热带鱼也不再在意，好像它们只是墙上会动的壁画，它开始等着每天固定会出现的鲫鱼，然后用它敏捷的本能进行狩猎，好像又找回了在海里时那不可一世的凶狠霸气。

实验到了最后的阶段，实验人员将玻璃取走，但鲨鱼却没有反应，每天仍是在固定的区域游着，它不但对那些热带鱼视若无睹，甚至于当它的美餐——那些鲫鱼逃到对面去，它也会立刻放弃追逐，说什么也不愿再过去。

很多人就像这条鲨鱼，经过一段时间的努力没有达到预期的目的，便会不再寄予希望，而选择放弃，也不愿意再次进行尝试。这种人多是遭受过巨大的打击，或是长期地被外界否定，对自身的能力产生怀疑，过低地评价了自我，丧失了追求希望的热情，进而变得消极、怠慢。

明天的困难并不可怕，不愿面向明天才是真正的可怕。什么都想拖到以后，却又被未来的险阻所吓倒，那么时间在前进，你却在倒退。有人说，阻止人们生活前行的不是路上的大石头，而是自己鞋里的小石子，而这颗小石子就是惰性思维。让我们行动起来，搬走心中的那块石头吧，它没有你想象的那么沉重。

靠谁都不如靠己

人们不仅有生存的本能，更有关于人生的思考和情感。比起那些依靠本能而活的动物，人的欲望要多得多，但并不是每个人都能够达成自己的欲望。遇到这种情况，很多人或许抱怨命运的不公，或许在想自己的能力不够，接下来，人们便将这种自觉难以实现的愿望寄托于命运和他人身上。

依赖是一种习惯，在人们脆弱的时候，总希望有人能够拉自己一把。确实，当人生遇到艰难，难免会向他人寻求帮助，但你要知道，这只是在你走不下去时的一点依靠，并不能成为你的一种活法。

人要为自己找活路，没有人能够一直帮助你，毕竟人是个体，会为了自己而奋斗，你也应如此。为什么要将希望寄托于别人？我们有手有脚，不比别人差在哪里，完全没必要一味依靠别人。

人生在世，应该以一种宽大的胸怀坦荡地活着，在烦恼压身的时候，我们不能想着别人来拯救自己，而应该首先想到自救，自己为自己搭起求生的阶梯。只有这样，你才能给自己找到一个出口。

能力是属于自己的，这些别人夺不走，而别人施舍的恩赐随时可能消失，就算为自己找退路，你也要懂得"凡事应靠自己"这个道理。人的一生中，自己才是最大的依靠，只有成为一个名副其实的、真正掌握自己命运的舵手，自己的未来才会有希望和成功。

在一本书中，讲到了作者从小是不被老师看重的孩子，就连他长大之后，还曾经两次被公司领导辞退过，令他甚感疑惑的是，为何他如此努力，却仍旧是一个笨蛋。

他也曾经为此否定过自己，在内心做过强烈的挣扎，并且在那个时候，他甚至还被别人称为"精神病"。然而，他内心深处始终有一个声音在呐喊——靠自己坚持下去。正是凭借这样的信念，面对失败，他一次次坚强地撑过去了，其间确实遇见了几位不错的老师，另外在妻子的鼓励下，他最终如愿取得了心理学博士学位。

在他54岁那年，他终于理解了"学习障碍"这个名词，还知道了他之所以受了如此多的苦难之缘故，后来他还以自身受苦的经历给予了身边很多人帮助。

只要自己抱有十足的信心和顽强的毅力，困难就会不战而胜。他也正是凭借自己的信念将各种障碍克服掉，当然这不是别人所能给予的，因为靠谁都不如靠己。

泰戈尔曾经说过："顺境也好，逆境也好，人生就是一场面对种种困难无尽无休的斗争，一场敌众我寡的战斗。只有笑到最后的，才是真正的胜利者。"可以说，在信念的驱使下，在拼搏精神的照耀下，就没有跨越不过去的山，迈不过去的坎儿。人是脆弱的，但没有我们想的那样脆弱，你的抗压能力在于你是否敢于去抗压。遇到困难时，应该将别人的帮助当作最坏的策略，而不是首先应该想到的。

依靠别人生存的人，最终只会消磨自己，让自己的能力每况愈下。人的能力是锻炼出来的，只有你懂得奋斗，敢于奋斗，才能成为生活的强者，成为别人能够依靠的人，而不是依靠别人的人。

"琼斯乳猪香肠"是美国人人皆知的一种美食，它的发明者叫琼斯。在琼斯发明这种美食的过程中，还有着一个感人至深的故事——琼斯与命运进行斗争。

琼斯之前工作于威斯康星州农场，那个时候，他的生活尽管非常贫穷，但他身体强壮，工作认真勤勉，生活过得比较幸福。

但是，谁也没有想到的是，一次意外事故改变了琼斯的命运，琼斯瘫痪在床。在很长一段时间里，他整天生活在可怕的阴影里，每天抱怨老天对他的不公平，他痛苦极了，甚至连他的亲友都觉得他此生彻底完蛋了。

有一天，琼斯的妈妈鼓励儿子说："琼斯，我不愿意听你说生活的糟糕是上天的意愿。你要知道，是你自己掌握着自己的命运。"

在接下来的几天时间里，琼斯都在深刻地反思妈妈说的这句话："是啊！为什么只是埋怨上天，而想不到自己主动去改变命运呢？尽管我没有了双腿，但是我还有我的大脑啊！"

从那日起，琼斯每天信心十足，同时也让家人重新燃起了希望，他决定自己致富。在那段日子里，他每天都会在心中留下积极的想法，而快速过滤掉一些消极的想法。

经过数日以后，琼斯终于告诉家人自己的致富构想："实际上，我们的农场完全可以改为种植玉米，用收获的玉米来养猪，然后趁着乳猪肉质鲜嫩时灌成香肠，将它们出售出去，我想销路一定会很好！"

果然，事情就像琼斯提前预料到的那样，待家人按他的计划准备好一切后，"琼斯乳猪香肠"真的红遍了美国，成了受大众欢迎的美食，琼斯也因此彻底改变了自己的命运，从此一家人的生活富足起来。

尽管老天为琼斯关上了一扇门，但同时也为他开启了一扇窗。在我们每个人生活的道路上，一旦前方出现"挡路石"的时候，我们一定要凭借自己的双手，发挥自己解决问题的优势和能力，如果只是期盼别人过来拉自己一把，问题永远得不到真正意义上的解决。

俗话说得好"天无绝人之路"，不管生活以什么样的脸庞面对我们，我们都要始终坚信"人生没有过不去的火焰山"。琼斯之所以最后能让"琼斯乳猪香肠"一炮走红，就是因为他有着一颗坚定的心，自始至终都坚信"冬天过后春天就不会太远"。他未被眼前的绝境所吓倒，而是依靠自己的聪明才智，从绝境中看到了希望，寻找到了致富的道路。

每个人的生活中不可能都像春天般的好天气，也不可能没有风风雨雨的降临。只要自己有接受风雨的勇气和宽广的胸怀，即便被挫折打倒在了地上，也要坚强地爬起来，重整自己的装束，以乐观的心态挑战自我，挑战命运。若是只在原地等待着不一定能够出现的帮助，那么说不定你会永远停留在原地，就算有人好心拉了你一把，在等待中你也耗费了大把的时间。

在人生的路途上，我们谁也无法预知未来可能出现的各种挫折，一旦我们遭遇挫折，我们是否有勇气进行自我拯救，大胆地走出逆境中的泥泞，从而打开自己的"活路"呢？

当感到生活有负于我们的时候，如果我们选择逃避，将自己囚禁在自认为安全的大"网"里，那样就意味着我们已经迷失了自己，离"真我"也会越来越远。要知道，从我们诞生之日起到离开这个人世，有一个最为可怕的敌人——自己，会一直陪伴在我们的左右。我们只有不断超越自我、挑战自我，才能逐渐强化薄弱的意志力，从而强化我们的神经，进而摘取成功的桂冠。

我们自己才是自己真正的救世主，只有自我拯救才能获得别人更多的帮助，才能在眼前出现"生"的奇迹。

不要被失败打倒

广告词说得好，"一切皆有可能"。这个世界充满了奇迹，只看你是否有勇气去创造。伟人并非一开始就是伟人，在他们成就伟业之前，总会经历很长的一段蛰伏期，在这段时间里，他们会承受无数的质疑和偏见，甚至是侮辱……但不管别人怎样看待他们，就算把他们当作疯子，他们也当自己是天才，相信自己的未来，正是有着这样的心态，才能坚持到最后，创造奇迹。人要相信自己、珍惜自己，别人才会相信你，敬重你。

心理学家曾经做过这样一个实验，将两辆外形和使用程度都完全一样的汽车停放在同一个车场，打开其中一辆车的引擎盖和车窗，而另一辆则保持不动。结果发现，打开车窗和引擎盖的那辆车在3天之后就遭到了人们的破坏，变得面目全非，而另一辆车则没有什么变化。这时候，心理学家将完好的那辆车的玻璃打碎一块，仅仅一天之后，所有的玻璃都被别人打碎了，内部的东西也一点不剩地丢光了。

根据这个实验，心理学家得出了著名的"破窗理论"。这个理论认为：人们认为那些坏的东西即便是让它再坏一点也无妨。而对于完美的东西，所有的人都会发自内心地维护它，不愿主动破坏；而对于那些残缺的东西，大家则从来不会在意。

人们也曾经用"破窗理论"在一座城市里做过相类似的实验。

在一条一直非常干净的街道上，实验者们扔了一些生活垃圾，然后刻意不去打扫它们。过了几天，整条街道就被铺天盖地的垃圾堆满了，碎纸片和塑料袋漫天飞舞。同时，人们把另一条街道打扫得一尘不染，并且随时打扫，让这条街道时刻保持清洁。过了一段时间，人们发现，这条街道即使不去打扫也会保持整洁，总会有人主动把散落在街道上的垃圾扔进垃圾箱；如果碰到他人往地上乱扔垃圾，还会有人制止。

没有比自己放弃自己更可怕的事情了。你觉得自己的梦想是可以实现的，眼前的困难是可以克服的，时间久了，别人也会通过你的信念相信，但若是你选择破罐子破摔，那么有可能别人还要踩你一脚。

若想赢得尊重，赢得成功，你就要永远保持积极向上的心态，永不自暴自弃。

现年18岁的女孩道恩·罗根斯，出生在美国北卡罗来纳州罗恩达尔市。她出生在一个非常贫困的家庭，她和哥哥肖恩从小就跟着染有毒瘾的继父和他们的生母四处流浪。在大部分时候，他们一家人都住在没有水电的破旧房子里，只能在公共厕所里洗澡，点蜡烛念书。

有一天，罗根斯向学校老师去借蜡烛，人们才发现她的悲惨生活。由于家里没水没电，所以她和哥哥要走20分钟的路去打水，而且经常连续两三个月也不能洗澡、几星期穿同一套衣服到校。小的时候，罗根斯根本不知道自己的生活和别人有什么区别。只记得同学们给她取了个外号叫"脏孩子"。直到初中时，同学们仍然这样叫她。

更不幸的是，过了不久之后，罗根斯的父母突然扔下一双儿女悄然失踪，罗根斯和哥哥从那以后就成了没爹没娘的孤儿。由于父母的失踪，罗根斯和哥哥连一个家也没有了，兄妹俩每天晚上只好去朋友家借宿，睡在人家的沙发上。让人钦佩的是，身处逆境的罗根斯并没有因此而自暴自弃，在如此艰难的情况下，她依然坚持完成学业！

后来，罗根斯以优异的成绩考取了哈佛大学。罗根斯的事迹也被搬上了新闻，不少人都为之动容。在经历了人生的种种考验之后，罗根斯说："没有任何借口能让你自暴自弃，一个人必须尊重自己，而后才能得到别人的尊重。"

　　恐怕我们不会再遇到比罗根斯更倒霉的事情了，所以，我们就更没有借口去自暴自弃了。或许你的生命中也有些不完美，但是你不必为此感到难堪，你应该意识到，自己也有别人所没有的才能。如果你因为一点点的坎坷和不幸就陷入自弃当中，就不要指望获得他人的尊重，更不要指望能赢得人生了。因为从你放弃努力的那一刻起，你也在向所有人宣布，你是个彻头彻尾的失败者。

　　生活中，有的人在经济上、生活上或名誉上遇到一点点挫折时，就感觉承受不了，然后自暴自弃，要么逃避，要么就破罐子破摔，甚至走上报复社会的道路，认为所有人都对不起他，这些人其实就是一些输不起的懦夫。

　　有人害怕事业失败，有人害怕人生失败，其实这样或那样的失败都是可以通过不懈努力扭转的，就像有人说的那样："这世界上没有永远的失败！我宁可一千次跌倒，一千零一次爬起来，也不向失败低一次头。"有这种想法的人一定不会永远与失败相伴。但如果你因为这一点点的失败就自暴自弃了，恐怕就会从此失掉人生，因为自暴自弃是人生最大的失败。

　　生活或者事业不可能事事如意，通往赢的大道上会遇到许多障碍，但只要我们不被失败打倒，不气馁，持之以恒，始终坚定如一，最后赢的一定是我们。

　　其实，挫折并不能打倒我们，真正打倒我们的是自己消极的心态。你觉得不可能，那么世界充满了不可能，你觉得一切皆有可能，那么你的世界便充满奇迹。

第四章
跌入谷底，才会有走向光明的决心

　　在看似风景如画的景色里，一不留神就跌入了谷底。我们都有绝望得快要窒息的时候，都有被逼得不知所措只能折磨自己的时候。但是，无论如何，我们都要抱着死磕到底的信念，无论命运的鞭子如何鞭笞我们，我们也要咬紧牙关坚持下去。即使看不清前路，也要尝试着往前走，毕竟只有往前走，才会有希望，只有不放弃，才会有机会见到曙光。

走出谷底才能见到光明

山丘有高低，道路有起伏，大海有潮汐，人生一定也会有起伏，生活是由快乐和悲伤组成的一帧帧不规则的长电影。古人云："天将降大任于斯人也，必先苦其心志，劳其筋骨，饿其体肤，空乏其身，行拂乱其所为，所以动心忍性，曾益其所不能。"我们的一生与苦难相伴，这是不可争议的事实。

我们的一生分为婴儿、少年、青年、中年、老年等几个阶段，每个阶段都是一场独立的旅行。而这些阶段又以不同的方式划分成无数个小阶段，我们每个人都要按顺序走过这些不可快进的人生。

在这个过程里，不乏迷茫、叛逆甚至堕落的时候，也许会走错路，也许会跟错人，也许会在一片荒芜和凄凉里迷了路，晕头转向地找不到方向。

可事实就是这样，我们都会有低谷期，或短暂或漫长。但谁都无法逃避人生中的低谷期，我们人生里的那些不可名状的谷底的时期，就如同跳帧的电影中的灰色影像。

我们该承认，每个人都有趋利避害的心理，没有人愿意步入"叫天天不应叫地地不灵"的境地。但是，生活，就是个喜欢自己添油加醋的编剧，从来不会让我们一气呵成、轻轻松松地演完剧本，它一定会在你不经意的时候修改了剧本，然后看我们即兴表演。什么样的场景才能激发我们的才能呢？那就是频繁地加上最难演的戏码，让上一秒还在莞尔一笑、风花雪月的我们，一瞬间跌入命运的转轮，被流放到不知名的荒岛上，完成一部真人版的荒岛求生。

"你在害怕什么?"当生活把我们推入深渊的时候，我们是否这样问过自己。是的，我们不是拥有超能力的超级英雄，我们害怕自己步步为营的生活一夜之间变了模样，我们当中的很多人，经不起任何打击，哪怕是命运不小心打了个喷嚏带来的变动。

但是，你究竟在害怕什么? 其实答案早已经在心里，只是我们张开嘴，话到嘴边，又硬生生地咽了回去——我们缺乏直面困难和走出低谷的勇气。就像游戏打到了最后一关，总会需要大BOSS和我们浴血奋战，此时我们的联盟一定伤亡惨重，只剩下自己和另外一个将会在某一个场景死去的配角，丢盔弃甲之后亡命天涯。

记住，无论四周如何草木皆兵，无论黑夜如何遮住了白昼，我们都不能放弃!

一个名为S的写手在网上分享了自己毕业之后求职的故事，感动了很多人。S毕业于一所名牌大学，毕业之前，品学兼优的S从未担心过工作。甚至在大家都在积极找工作的时候，S却在悠闲地策划着自己的毕业旅行。当毕业临近，很多人都找到了工作单位的时候，S才开始投简历和面试，那时几乎所有的校园招聘都已经结束。幸运的是，S赶上了一家500强企业的校招。但是，当时，S都没有意识到这几乎是自己的最后一根救命稻草。没有任何面试经验也没有做好充足准备的S，在面试中慌了神。她后来回忆，当时自己似乎已经不能控制自己的语言，紧张到说错话。毕业聚会上，大家都在讨论着自己的公司和薪资，原本活泼的 S 坐在一旁，心里明明失落却仍强颜欢笑。

这一次的打击让原本踌躇满志的 S 一下子消沉起来，她决定离开自己当初拼命通过高考来到的这座城市。回到家乡之后，S 的情况并没有好转，家乡的工作机会非常少，更别提专业对口和 500 强了。连进入稍微有些名气的企业做文员都需要关系。S 曾坐了两个小时的公交，去一家企业，面试文员的岗位，最后还是没有被这家企业录取。这让原本信心受挫的 S 更加怀疑自己。她当时不止一次地责备自己、埋怨自己，怀疑是否只有自己曾一度觉得自己优秀。

每天入睡的时候，S 都默默地祈祷，希望醒来之后能发现这一切只是梦。然而，每当清晨来临，S 睁开眼睛，第一个蹦入脑海的想法就是——"我该怎么办？"在那段日子里，时光似乎被无尽地拉长，好像要把 S 逼迫到无路可退的境地。

已经退休的母亲，为了不给 S 增加压力，在炎热的夏天，找了个临时的工作，留给 S 足够的思考和调整的空间。所有的朋友都有了工作，曾经是朋友圈里的中心人物的 S，开始害怕参加朋友聚会，哪怕几个闺蜜一起聊聊天。那段日子里，S 排斥听到所有关于工作的事情，哪怕是别人告诉她，报纸上登有招聘会的信息。S 甚至报名参加了自己曾经十分不屑的公务员考试，结果也是名落孙山。

这个故事的结局是，S 最终决定回到自己怀念的那座城市里，重新开始。把自己放在最平凡最普通的位置上，她开始运动，看书，每天练习英文口语。清晨醒来的第一件事，是先投简历，然后不断地参加面试，总结失败的教训。如今的 S 已经成为了一家外资企业的优秀员工，一年之内月薪已经翻了一倍。

我们每个人都有类似的经历，甚至更加糟糕。在看似风景如画的景色里，一不留神就跌入了谷底。有时，我们甚至不知道为什么命运会选中了自己。但是生活就是如此，生命就是如此。我们都有绝望得快要窒息的时候，都有被逼得不知所措只能折磨自己的时候。但是，无论如何，我们都要抱着死磕到底的信念，无论命运的鞭子如何鞭笞我们，我们也要咬紧牙关坚持下去。即使看不清前路，也要尝试着往前走，只有往前走，才会有希望，只有不放弃，才会有机会见到曙光。

直面困难才能战胜困难

"不积跬步，何以至千里？不积小流，何以成江海？"当困难摆在我们面前，我们不去挑战，不去征服它，如何能够体会什么叫豁然开朗和甘之如饴？

生活是个擅长障眼法的魔术师，当它把困难的任务分配给我们的时候，利用了我们的视觉误差，让我们以为眼前的困难难以克服，而选择放弃。然而，实际上，当我们完成了曾经以为不可能完成的事情，跨越了曾经以为无法越过的鸿沟，克服了曾经认为无法战胜的困难时，才恍然发现，当初的胆战心惊是可笑。

小叶是个非常喜欢旅游的人，在读书的时候就决定毕业之后一定要从事与旅游相关的职业，做一个优秀的规划师，去看全世界的美景，把最好的路线分享给热爱旅游的人们。毕业之后，小叶申请了一个旅游业内数一数二的公司的职位，但是，没有通过最终的面试。和很多求职者抱着只是为了找到一份工作的心态不同，小叶没有转而去投其他的公司或者换其他的职业方向，她花了一个月的时间，收集这家公司和其最大竞争对手之间的数据，并进行对比分析，并就分析结果阐述了自己的构思和想法，包括如何推出新的产品及如何吸引更多客户等。她带着这份报告来到该公司，在前台等了两个多小时，终于等到之前的面试官开完会，把这份报告交到了对方手上。当天晚上，她就收到了该公司发出的录取通知。

想要做成一件事，就应该动脑筋去解决问题、克服困难，而不是避重就轻，还没有努力就放弃。如果和大多数求职者一样，直接选择放弃，或者在几次碰壁之后，干脆选择换行业，那么这一生都将在这样的颠沛流离中度过。上帝不会在自身不努力的人为自己关闭一扇门之后，再为其打开一扇窗。于是，这些人永远无法知道，花费心思和精力去完成一件渴望了很久的事情，是一件多么荡气回肠的事情。而这不仅仅是一次成功，它甚至会成为人生路上时刻给自己动力的能量棒，它让我们在遭遇逆境和坎坷的时候，勇敢地往前走。

人生的可能性是无限的，但是每一种人生都需要我们具备无惧困难的能力。不劳而获是永远都不可取的生活方式。不逼自己一把，去做以为做不了的事情，怎么会知道自己多优秀；不逼自己一把，征服以为无法完成的目标，怎么会知道生活中的困难其实都很渺小。水滴石穿的道理所有人都明白，但是很多人却无法对自己下狠心，总觉得苦难太可怕，人生太艰难，在最该奋斗的时候选择了安逸和懒惰。

8 岁男孩捐骨髓救父亲的新闻感动了很多人。父亲突然罹患白血病，只有男孩和父亲配型成功，但是由于年纪小，体重偏轻，达不到手术的标准。当男孩知道自己是父亲活下来的唯一希望之后，他开始加大食量和运动量，不断地抽血化验并没有让他害怕，救父亲是他唯一的愿望。终于，2个月之后，手术顺利进行，父亲得救了。

家中的顶梁柱倒下，对整个家庭来说，都是巨大的打击，更何况是8岁的孩子。但是，男孩面对生命里巨大变故表现出的勇敢和乐观，太令人惊叹。虽然，生活中的很多困难并没有达到生死的程度，但这并不代表我们可以随意向困难妥协。如果连小问题都无法解决，拿什么面对涉及生死的考验？如果连小风小浪都经不起，该如何面对生命里突如其来的暴风雨？别让妥协、放弃、懦弱，成为生命的关键词，不经历狂风暴雨的洗礼，如何能见到彩虹的绚烂？

我们能够快进电影，快进歌曲，快进很多事情，但是我们无法快进人生。该遇到的困难和考验，一个也逃不掉；该吃的苦，一点也不能少吃。这就是生命的魅力，耐得住寂寞方能看得更远，经得住打击方能走得更远。既然是人生必经的路程，既然生命中还有更多的困难在等待我们，何不从现在开始拥抱这一切？虽然有时候，逆境让人暴躁，让人绝望，但是如果不从这浑水中灰头土脸地趟一遭，如何能够在回望来路时，有底气为自己感到骄傲。

食物好不好吃，吃过才知道；美景好不好看，看过才知道；爱情是苦还是甜，爱过才知道；苦难是否难以克服，努力过才知道……很多事情，看过、听过都足以让我们真正明白其中的道理，如同成长和老去是必经的一般，只有自己亲身经历过才会明白其中的甘苦。

逆光有阴影，只有面朝太阳，才能沐浴阳光。逃避问题，只会让问题变得更糟糕，只有直面困难，迎难而上，才有可能战胜困难。而只有靠自己的力量终结困难，才能在回望时发现曾经以为的绝望，不过是自己懦弱，曾经以为无法渡过的逆境，如此渺小。只有摸爬滚打的人生，才能熠熠生辉。

不要被困难打垮

没有人注定不幸，你绝对不比其他人更不幸。不要因为没有鞋子而哭泣，看看那些没有脚的人吧！绝对不要把自己想象成最不幸的人，否则，你就真正成了最不幸的人。

据说，世界上只有两种动物能达到金字塔顶：一种是老鹰，还有一种就是蜗牛。

老鹰和蜗牛，它们是如此不同：鹰矫健凶狠，蜗牛弱小迟钝。鹰性情残忍，捕食猎物甚至吃掉同类从不迟疑。蜗牛善良，从不伤害任何生命。鹰有一对飞翔的翅膀，而蜗牛背着一个厚重的壳。它们从出生就注定了一个在天空翱翔，一个在地上爬行，是完全不同的动物，唯一相同的是它们都能到达金字塔顶。

鹰能到达金字塔顶，归功于它有一双善飞的翅膀。也因为这双翅膀，鹰成为最凶猛、生命力最强的动物之一。与鹰不同，蜗牛能到达金字塔顶，主观上是靠它永不停息的执着精神。虽然爬行极其缓慢，但是每天坚持不懈，蜗牛总能登上金字塔顶。

我们中的大多数人都是蜗牛，只有一小部分能拥有优秀的先天条件，成为鹰。但是先天的不足，并不能成为自暴自弃的理由。因为，没有人注定命中不幸。要知道，在攀登的过程中，蜗牛的壳和鹰的翅膀，起的是同样的作用。然而，生活中，大多数人只羡慕鹰的翅膀，很少在意蜗牛的壳。所以，我们处于人生低谷时，无须心情浮躁，更不应该抱怨颓废，而应该静下心来，学习蜗牛，每天进步一点点，总有一天，你也能登上成功的"金字塔"。

高尔基早年生活十分艰难，3 岁丧父，母亲早早改嫁。在外祖父家，他遭受了很大的折磨。外祖父是一个贪婪、残暴的老头儿。他把对女婿的仇恨统统发泄到高尔基身上，动不动就责骂毒打他。更可恶的是，他那两个舅舅也经常侮辱这个幼小的外甥，使高尔基幼小的心灵过早地领略了人间的丑恶。只有慈爱的外祖母是高尔基唯一的保护人，她真诚地爱着这个可怜的小外孙，每当他遭到毒打时，外祖母总是搂着他一起流泪。

高尔基在《童年》中叙述了他苦难的童年生活。在 19 岁那年，高尔基突然得到一个消息：他最为慈爱的、唯一的亲人外祖母，在乞讨时跌断了双腿，因无钱医治，伤口长满了蛆虫，最后惨死在荒郊野外。

外祖母是高尔基在人世间唯一的安慰。这位老人劳苦一辈子，受尽了屈辱和不幸，最后竟这样惨死。这个噩耗几乎把高尔基击懵了。他不由得放声痛哭，几天茶饭不进。每天夜晚，他都独自坐在教堂的广场上呜咽流泪，为不幸的外祖母祈祷。1887 年 12 月 12 日，高尔基觉得活在人间已没有什么意义。这个悲伤到极点的青年，从市场上买了一支旧手枪，对着自己的胸膛开了一枪。但是，他还是被医生救活了。后来，他终于战胜了各种各样的灾难，成为世界著名的大文豪。

你要明白，没有人命定不幸。你的困难、挫折、失败，其他人同样可能遇到，而其他人遇到的更大的困难、挫折、失败，你却没有遇到，你绝对不比其他人更不幸。不要因为没有鞋子而哭泣，看看那些没有脚的人吧！绝对不要把自己想象成最不幸的，否则，那你真正成了最不幸的人。要知道，没有什么困难能够打垮你，唯一能够打垮你的就是你自己。

许多人常常把自己看作是最不幸的、最苦的，实际上许多人比你的苦难还要大，还要苦。大小苦难都是生活所必须经历的，苦难再大也不能丧失生活的信心与勇气。与许多伟大的人物所遭受的苦难相比，我们个人所遭到的困难又算得了什么。名人之所以成为名人，大都是由于他们在人生的道路上能够承受住一般人所无法承受的种种磨难。他们面对事业上的不顺、情场上的失意、身体上的疾病、家庭生活中的困苦与不幸，以及各种心怀恶意的人的诽谤与陷害，没有沮丧，没有退缩，而是咬紧牙关，擦净鲜血和悲愤的泪水，奋力抗争，不懈地拼搏，用自己惊人的毅力和不屈的奋斗精神，为人类的文明和社会的进步做出了卓越的贡献。

人生需要的不是抱怨、自怜，而是扎扎实实、艰苦地奋斗。人是为幸福而活着的，为了幸福，苦难是完全可以接受的。

人生的苦难与幸福是分不开的。人类的幸福是人类通过长期不懈的努力而逐步得到的，这其中要经历各种苦难，这正像人们常讲的，幸福是由血汗造就的。切记，拒绝苦难的人，就不可能拥有幸福。

迎着风浪去远航

如果你拥有一颗积极向上、勇于攀登的心，就能够在逆境中找到快乐。即使再大的风浪，也能扬帆远航。

　　17世纪法国启蒙哲学家卢梭曾经说过："一个真正了解幸福的人，无论什么样的打击都无法使他潦倒。"美国小说家马克·吐温也曾说过说："人生在世，必须善处逆境，万不可浪费时间，作无益的烦恼，最好还是平心静气地去办事，想出补救的办法来。辛勤的蜜蜂，永远没有时间悲哀。杰出的人们，会在逆境中磨砺意志，卧薪尝胆，厉兵秣马，展现非凡的人生风采。"

　　在现实生活中，假如你没有被逆境所吓倒，反而以乐观的态度，把它们想象成理所当然的，那么，你就有可能把逆境变成顺境。

　　只要按乐观的方法去做，你的生活就会变得欢乐无穷了。

　　而在困境中，除了乐观之外，我们还要有征服困难的坚强意志。没有这种意志的人常常浸泡在痛苦中。一道道伤痕，一次次心痛，一遍遍泪水，让他们自怨自怜悲叹不已，丧失了做人的斗志。

　　幸福来源于我们自己，不幸是命运强加给我们的。战胜命运，就是我们的幸福，没有战胜命运，就是我们的不幸。有人在逆境中成长，也有人在逆境中跌倒，这其中的差别，就在于我们如何看待。在地上爬不起来的人，注定只能继续哭泣，而能立刻站起来的人却能成就更好的自己。幸福是甘美的，如同一杯美酒，越陈越醉人，也越容易被人喝干。

　　而且，逆境会让人变得更深刻，顺境却容易让人变得浅薄。霍兰德说："在黑暗的土地上生长着最娇艳的花朵，那些最伟岸挺拔的树林总是在最陡峭的岩石中扎根，昂首向天。"

　　人生中，并不是每一次不幸都是灾难，其实，早年的逆境通常是一种幸运。与困难做斗争不仅磨炼了我们的意志，也为日后更为激烈的竞争准备了丰富的经验。

有的时候，顺境会变成一个陷阱，因为身处顺境的人很容易为眼前的景致所迷惑而失去危机意识，历史上人生一帆风顺而最后身遭其祸的人举不胜举。在逆境中，有的人自杀，有的人疯狂，也有的人化作不死鸟，涅槃后而重生，从他身上发出的光照亮了世间各个角落。

无论多大的苦难，多大的风浪，也无法磨灭我们的斗志，无法抹杀我们与命运搏斗做出的努力。只有在逆境中我们才能真正了解快乐与幸福是什么！只有在逆境中我们才能真正正视自我！只有在逆境中我们才能真正获得快乐与幸福！

一个热爱生活的人，必定善于面对生活中的逆境。那些经历了许多风风雨雨的人才能深刻体味出其中的滋味——在风浪中起航更快乐！

在每一次跌倒后都能爬起来

无论多么美好的东西，人们只有付出相应的劳动和汗水，才能懂得这美好的东西是多么来之不易，因而愈加珍惜它。这样，人们才能从这种"拥有"中享受到快乐和幸福。

生活中很多东西是难以把握的，但是成长是可以把握的。可能会有人妨碍你的成功，却没人能阻止你的成长。换句话说，这一辈子你可以不成功，但是不能不成长。

人生旅途中，似乎不总是那么一帆风顺，总有一些困难与挫折，既然上天给了我们一些锻炼与考验的机会，那我们又何必，畏首畏尾，退避三舍呢？与其蜷缩手脚、闷闷不乐，倒不如在逆境中顽强拼搏。或许我们能改变现状，毕竟是"山重水复疑无路，柳暗花明又一村"，天无绝人之路。当老天为你关闭这扇窗，必定也为你打开了另一扇窗。

一位父亲很为他的孩子苦恼。因为他的儿子已经十五六岁了，可是一点男子气概都没有。于是，父亲去拜访一位禅师，请他训练自己的孩子。

禅师说："你把孩子留在我这里，3个月以后，我一定可以把他训练成真正的男人。不过，这3个月里面，你不可以来看他。"父亲同意了。

3个月后，父亲来接孩子。禅师安排孩子和一个空手道教练进行一场比赛，以展示这3个月的训练成果。

教练一出手，孩子便应声倒地。他站起来继续迎接挑战，但马上又被打倒，他就又站起来……就这样来来回回一共16次。

禅师问父亲："你觉得你孩子有没有男子气概？"

父亲说："我简直羞愧死了！想不到我送他来这里受训3个月，看到的结果是他这么不经打，被人一打就倒。"

禅师说："我很遗憾你只看到表面的胜负。你有没有看到你儿子那种倒下去立刻又站起来的勇气和毅力，这才是真正的男子气概啊！"

不断地倒下，再不断地爬起来，正是在这种磕磕碰碰中我们成长了。男子汉的气概并不是表现在我们跌倒的次数比别人少，而是在于，每次跌倒后，我们都有爬起来再次面对困难的勇气和不达目的誓不罢休的毅力。

每个人都在成长，这种成长是一个不断发展的动态过程。也许你在某种场合和时期达到了一种平衡，而平衡是短暂的，可能瞬间即逝，不断被打破。成长是无止境的，生活中很多东西是难以把握的，但是成长是可以把握的。

面对激烈的竞争、种种挑战和痛苦，我们唯一能做的就是迅速充实自己，成长起来，只有这样，才不会被困难和挑战击倒。

我们要在逆境中学会成长，在逆境中提升人格的力量，磨砺性格的力量，增强信念的力量，升华自己生命的力量。

在逆境中成长，我们的羽翼变得更加丰满，能飞向天涯海角；我们的心胸更加宽广，能容纳百川，吸吮万千；我们的双臂更加结实与厚重，能承载千山万水、艰浪险滩。

保持奋发向上的劲头

不论你的出身如何，不论别人是否看得起你，首先你要自己看得起自己。只有相信自己，才能保持奋发向上的劲头。要知道，上帝没有偏见，从不会轻看卑微，你所做的一切他都看在眼里。

人类有一样东西是不能选择的，那就是每个人的出身。在现实生活中，我们常常会遇到这样一些人，他们以自己穷困的出身来判定自己未来的生活道路，他们因自己角色的卑微而用微弱的声音与世界对话，他们总是因暂时的生活窘迫而放弃了儿时的绮丽梦想，他们还因为自己的其貌不扬而低下了充满智慧的头颅。

难道一个人出身卑微注定就会永远卑微下去吗？难道命运不是掌握在自己手中吗？实际上，即便一个人的身份卑微，上帝也不会轻看他，上帝偏爱的不是身份高贵的人，而是努力奋斗的人！所以，如果你出身卑微，那么努力奋斗吧，上帝一定会垂青你！

一个人不能选择自己的出身，但可以选择自己的道路。只要踏上正确的人生之路，并能义无反顾地勇往直前，就一定能创建一番辉煌的业绩。

多年前的一个傍晚，一位叫皮埃尔的青年移民，站在河边发呆。这天是他的 30 岁生日，但他不知道自己是否还有活下去的必要。

因为皮埃尔从小在福利院里长大，长相丑陋，身材也非常矮小，讲话又带着浓厚的法国乡下口音，因此他一直很瞧不起自己，认为自己是一个既丑又笨的乡巴佬，连最普通的工作都不敢去应聘，他没有家，也没有工作。

就在皮埃尔徘徊于生死之间的时候，与他一起在福利院长大的好朋友亨利兴冲冲地跑过来对他说："皮埃尔，告诉你一个好消息！"

皮埃尔一脸悲戚地说："好消息从来就不属于我。"

"你听我说，我刚刚从收音机里听到一则消息，拿破仑曾经丢失了一个孙子。播音员描述的相貌特征，与你丝毫不差！"

"真的吗，我竟然是拿破仑的孙子？"皮埃尔一下子精神大振。想到自己的爷爷曾经以矮小的身材指挥千军万马，用带着科西嘉口音的法语发出威严的军令，他顿时感到自己矮小的身材充满了力量，讲话时的法国口音也带着几分威严和高贵。

第二天一大早，皮埃尔便满怀自信地来到一家大公司应聘。结果，他竟然应聘成功了。

10 年后，已成为这家大公司总裁的皮埃尔，查证了自己并非拿破仑的孙子，但这早已不重要了。

所以，每一个人都应该相信上帝是公平的，只是有时上帝会和我们开个小小的玩笑，会把那些聪慧的宠儿放在卑微贫困的人群中间，就像我们常把贵重的物品藏在家中最不起眼的地方一样，以此来作为对他们的考验。

上帝会青睐那些从黑暗中走出来的人——他们有着坚强的生存意识、果敢的斗志、不屈的傲骨。他们必将会脱颖而出。请相信命运的公正吧！一个人只要知道自己将到哪里去，那么全世界都会给他让路。

勇于冒险，带来非凡成就

一位成功的外国企业家说过这么一句话："你个人的项目，应该有四分之一会失败，否则就说明你的冒险精神不够。"

一般人习惯于相信权威、遵循经验，很少有人敢于突破现状，主动寻求改变。换言之，很少有人愿意放弃稳定的现状去冒险，哪怕现状如鸡肋般"食之无肉，弃之可惜"，而勇于冒险是领导者，尤其是企业家的必备特质。正是冒险让他们获得了非凡成就。

跟普通人相比，企业家更富有冒险精神，他们常去做别人不敢做甚至不敢想的事。也只有在创业和经营时敢于冒险、善于冒险，才能获得比一般人大得多的成就。

科宝·博洛尼的董事长蔡先培就是一个富有冒险精神的人，因身上那股永不枯竭的活力，他甚至被业界人士称为老顽童。他50岁才开始创业，65岁才学开车，68岁还在打高尔夫球，70岁的时候学会了开飞机，71岁去玩游艇，72岁搞定了骑马，73岁又选择了再次创业……跟一般人不一样，他的人生越往后越富有刺激性，而不是随着年岁的增大更倾向于安稳。

　　蔡先培是河北人。他于1936年出生，很小的时候就开始了颠沛流离的逃亡生活。因为无人管束，他少年时代爬山、下河、打架、偷瓜，几乎无所不为，也正是在这种毫无拘束的生存环境中，他的冒险精神和想象力得到了尽情地发展。对他来说，这种强烈的冒险精神几乎是与生俱来的，他从心底认为冒险就代表着更大的收益，风险越大，收益就越高。

　　成年后，蔡先培一直在首都钢铁厂工作。1986年，在他50岁的时候，北京政府首次提出了中国"硅谷"——中关村的概念，一时之间，"下海"蔚然成风。蔡先培敏锐地意识到这是个机会，他毅然辞职，开办了一家做肩背式淘金机的企业。蔡先培创业的次年，美国某工业协会在北京办了一个展览。他仅凭借在展览上看到的某个产品的外观，就用半年时间设计出了一款肩背式淘金机。此后，他又发明了"拧水拖把"和"排烟柜"。两年后，他又发明了"油烟柜"。紧接着，他进军厨房和家具领域。大概有两年时间，他在厨房领域没有任何竞争对手。在此之后，他的儿子蔡明又将生意扩大到了卫浴、衣帽间乃至整个家装市场。

　　至此，蔡先培所拥有的财富，其实已足够巨大，但对一个企业家来说，财富固然是追求的第一目标，却不是唯一和最终目标。那种奋斗过程中的紧张、刺激、成就感，才是最重要的。蔡先培56岁时，又跟儿子蔡明一起创办了科宝应用科技研究所，也就是今天的"科宝·博洛尼"。

　　随后几年，他将"科宝·博洛尼"全部交给儿子打理，自己则去挑战新的领域。

　　2000年，蔡先培在北京顺义租了2000亩土地，种植了上千棵速生杨树苗。第二年，又以每亩 2 万元的价格在武汉买下 20 万亩土地，计划开发林场。接着，他又在俄罗斯开发了一大片土地，计划形成从原材料到家装全面的产业链条。

冒险精神也意味着从不止步、从不满足，永远保持一种开放的学习精神。自 2004 年起，蔡先培开始在全国范围内参加各类培训班，至今他已经上过 300 多种课程，并且从中找到了让"科宝·博洛尼"更加科学地持续发展的方案。

蔡先培的冒险精神不仅体现在工作上，也在生活中展现出来。他 65 岁才拿到汽车驾照，开车时也喜欢冒险，自驾游遍了南方各省。在路上遇见各种状况，他最喜欢的就是自己克服复杂多变的地形和复杂车况时的满足感。他 68 岁学会了打高尔夫球，经常自己开着快车去高尔夫球场，从早上 9 点打到下午 6 点。70 岁时他圆了自己的飞行梦，学会了驾驶飞机。71 岁又学会了开游艇。这种冒险精神，不仅让他在精神上保持着锋锐之气，也使他虽人到晚年但身体素质依然十分过硬，足以承担各种压力。

冒险不等于莽撞和失控。所有的冒险，必须首先保障生命安全，并善待其他生命，尊重其他人。不然的话，冒险就有可能成为自我毁灭。

愿我们每个人在生活中都敢于冒险、善于冒险，能从容面对风险，险中取胜，拼搏出属于自己的一片独特的天地！

第五章
没有梦想，生命就没有向上的动力

　　希望是暗夜里的星火，助我们燃起心中的灯；希望是冬天里的一把火，让我们心中希冀着春的到来，告诉自己，冬天已经来了，春天还会远吗？没有希望，人将会变得毫无志趣。希望，是生命不可或缺的动力之源。

　　人生，是一场自己和自己博弈的游戏，时间过了，生命自会戛然而止。连一场梦都没有做过的人生，如何能有向上成长的动力？给自己一个梦想吧！

希望是生命的动力

俄国著名作家特罗耶波尔斯基说:"生活在前进。它之所以前进,是因为有希望;没有了希望,绝望就会把生命毁掉。"从这句话我们不难看出,希望是生活前进的引航灯。如果没有希望作为指引,我们的人生就将迷失在茫茫的大海上,没有方向。生活,就是战胜一个又一个困难,就是不断地接受改变,坦然面对困境。如果心中没有希望,在面对坎坷不断的人生时,如何能够坚持下去呢?希望是暗夜里的星火,助我们燃起心中的灯;希望是冬天里的一把火,让我们心中希冀着春的到来,告诉自己,冬天已经来了,春天还会远吗?希望是初春时节萌发的新芽,带着鲜黄与嫩绿,让我们在明媚的今日畅想灼热的夏风;希望是秋天枝头累累的硕果,让我们在大雪封门的冬季,畅想万物生机勃勃的季节。没有希望,生活将会变得了无乐趣;没有希望,人将会变得毫无志趣。希望,是生命不可或缺的动力之源。

美国作家艾默生说,希望如不是置身深渊的大海上,就绝不能展开其翅膀。对于绝望之中的人来说,希望就像光,指引着他们奔向新生。如果没有希望的指引,人们无法从绝望的深渊中挣脱出来;如果没有希望的鼓舞,原本被绝望折磨得筋疲力尽的人们,无法恢复奋斗的力量。希望是精神的食粮,能够给我们带来巨大的能量,让我们瞬间变得生机勃勃。

凡事都有利弊,虽然希望的力量如此巨大,但是如果出现得不是恰到好处，也许会起到相反的作用。英国哲学家培根说，希望是很好的早餐，却是很糟的晚餐。我们应该在清晨随着太阳的升起燃起希望的光，指引自己在一天之中努力拼搏，向着心目中的理想而奋斗。然而，却不能将其作为虚度一天的借口，在夜晚到来时才以希望安慰自己荒芜的心田。否则，希望就会像一剂迷魂药，在每个夜晚到来的时候消磨我们的斗志。

希望的力量就是如此强大。很多时候，希望其实不是别人给我们的。当深陷逆境的时候，我们要学会自己寻找希望，自己给自己希望。只有这样，我们才能帮助自己走出逆境，战胜困难。

聪明的人会在自己的心里种下希望，即使外面是数九寒冬，大雪纷飞，他们心里也是温暖如春，充满希望。人生的希望永远指引着我们前进的方向，真正的希望就在我们心里，永不褪色。

没有梦，何来梦想成真

我们每个人，不论什么职业、家庭背景，也不论什么教育背景，一定都有自己的梦想。小时候我们会在作文里详写自己的梦想，在全班大声地朗读出自己对梦想的细致描绘；说起想要成为什么样的人，我们都涨红着脸，但依旧心跳加速甚至慷慨激昂地告诉别人：我的梦想是……

时间，像哈利·波特的扫帚，把这些细小而珍贵的情绪，连我们曾经珍视的梦想，扫得干干净净。当生活失去了憧憬和动力的时候，很多人的通病就是用"活着就好"来麻痹自己。

某电视台曾经做过一个街头随机访问，问题就是"你的梦想是什么"。在面对镜头的时候，很多人尴尬地笑场，甚至选择回避。真正能够站在镜头前，认真谈论自己梦想的人寥寥可数。似乎这是一个比"你幸福吗"，更让人难以回答的问题。是梦想已经过时了吗？还是梦想只能是孩童时嬉笑的妄言？为什么越是成长，我们越是变得不敢做梦？实际上，不是梦想放弃了我们，而是我们背弃了梦想。

演艺圈名利双收，从来没有负面明星的演员很少。而黄渤就是这"稀奇物种"之一。很多人说从没想过黄渤也能够成为影帝，而更多人说这是实至名归。然而，在黄渤学习表演的时候，他的老师就语重心长地劝过他："女怕嫁错郎，男怕入错行。其实做幕后挺好的，何必非要在幕前分一杯羹，或许还是残羹剩饭。"不仅老师，连黄渤的父母都极力反对儿子选择这条道路。

但是黄渤怀揣着这个梦想，从未放弃。从幕后到幕前，黄渤用了别人好几倍的时间，吃了很多人吃不下的苦。很多人认为在"拼颜值"的演艺圈，黄渤就是个笑话。没有英俊的长相，没有健硕的肌肉，没有傲人的身高。黄渤除了梦，似乎什么都没有。有一次黄渤去试戏，副导演看到黄渤直接大发雷霆，当着黄渤的面说："这不是胡闹吗！这哪能行！怎么能乱找演员？"

黄渤的演艺梦想，几乎遭到了所有人的反对。很多人甚至大肆嘲笑他，觉得黄渤混演艺圈是在做白日梦，更别说出人头地了。但是黄渤曾在这样的声音下，没有选择放弃。他就是这么敢做梦！一路走来，黄渤做过配音、群演、舞蹈教练、酒吧驻唱等。所有的努力，都是为了成就这个别人眼中的"白日梦"。

终于，电影《疯狂的石头》创下了当年的票房奇迹，人们也因为这部电影记住了这个长相完全不出众，但是朴实而努力的演员——黄渤。2009 年，黄渤更是凭借电影《斗牛》获得第 46 届台湾金马奖最佳男主角奖。2014 年，黄渤获得"影帝"的头衔。如今的黄渤已经变成了电影的票房保证，从小白菜变成了香饽饽，黄渤是名副其实的演艺界黑马。

太多的人不看好黄渤，黄渤追逐梦想的道路坎坷，黄渤背负了正常人无法想象的压力。很难想象，当所有人不看好黄渤的梦想，所有的声音都刺耳难听的时候，黄渤是如何坚持下来的。黄渤在采访中坦言："我的梦想，在很多人眼里就是天大的笑话。无论是唱歌还是演戏，几乎没有人看好我。但是我就是这样，不管遇到多难的事情，只会一个劲儿地往前冲，我用自己的坚持证明了，我没有入错行。我特别感谢我的梦想，没有它，我不会坚持到今天。"

黄渤实现梦想的同时，还练就了一身本事，阅历丰富的他，眼界比一般人更开阔，戏路非常广。当年劝他转行的老师感慨万分："上帝除了没有给黄渤英俊的面容，其他的都给了。"

黄渤的成功离不开他疯狂的坚持，但促成他成功的源头是他的梦想，如果没有这个梦想，如果连梦都不敢做，何来梦想成真。长大以后，谈起"梦想"二字，我们总有很多理由搪塞，要注重当下，要学会现实，要懂得知足等。而这些都是冠冕堂皇的借口，其实我们不敢谈论梦想，是因为我们不敢做梦，不敢有梦想。梦想似乎是个太过遥远的词语，走着走着，就脱离了我们的生命。

按部就班、朝九晚五的生活，确实让很多人获得了所谓的稳定，甚至有人开始自嘲曾经自己奉为生命真谛的梦想。没有梦想，何谈坚持，何谈苦难，何谈成功？难道活着就是人生莫大的成功吗？没有梦想，何谈做梦，何谈追梦，何谈梦想成真？难道

所有失去终将归来

这些都是只能出现在小说里的辞藻吗?

再顺风顺水的人生, 没有了梦想, 也会迷茫, 也会在航行中失去方向; 再堪称完美的人生, 没有梦想, 也会遗憾, 也会后悔, 也会在失去了追梦的时间之后捶胸顿足。人生, 只不过是一场自己和自己博弈的游戏, 时间过了, 生命自会戛然而止。连一场梦都没有做过的人生, 如何能有向上成长的动力? 给自己一个梦想吧!

追逐梦想也是追逐未来的自己

威尔逊曾说: "我们因梦想而变得伟大。成功者都是大梦想家, 在阴天的暴雨中, 在冬日的篝火旁, 梦想着未来。有些人的梦想悄然灭绝, 有些人则细心培育、维护, 直到它安然渡过困境, 迎来光明和希望, 而光明和希望总会降临到真心相信梦想会成真的人身上。"这大概就是所谓的"念念不忘, 必有回响"。我们以后的生活是什么模样, 人生是什么走向, 早就被烙印在曾经播撒梦想的土壤里。

梦想是我们为自己绘制的地图, 我们将去往何方, 都取决于这幅亲手绘制的地图。每个人的梦想不同, 造就了人与人不同的生活。当然, 只有不断追逐梦想的人, 才有机会生活在梦想的生活里。这个道理和相由心生的含义一致, 我们追求的事物, 反映了我们的内心, 同时, 我们的心理状态, 会体现在我们的面容、仪态、行动中。这正是梦想神奇的化学反应。

国内某专栏的御用作者小 A, 从小学起便开始阅读大量的文章。在那个不富裕的年代, 小 A 几乎把父母给的所有零花钱都用在了买作文书上。那时，他最开心的事情，便是在书店里买到了新出版的作文书。书读万遍，其义自见，通过不断增加阅读量，小 A 的文笔也潜移默化地有了很大提升，很快超越了同龄人。上了初中之后，家里添置了一台电脑，小 A 最喜欢的事情，就是每天写完作业之后，在电脑上敲下当天的心情、感悟或者发生的有趣的事情。渐渐地，这成为了他的习惯。上高中之后，小 A 开始参加各种各样的比赛，虽然面临着繁重的学业，但他从未放弃自己的写作梦想，甚至连午休的时间都用来读书和写作，哪怕只是随笔。

上大学之后，小 A 开始在国内知名网站上定时更新自己的文章、小说等。一开始很少有人关注他，但他不慌张，每晚坚持更新自己的主页。渐渐地，小 A 的主页访问量不断增加。很多素不相识的人在他的文章下留言，这些肯定的言语，让他深受感动，备受鼓舞。学校的图书馆中，经常能看到他读书的身影，大学期间，他基本借遍了学校图书馆里的各种书籍，连借书处的老师都对他印象深刻。

毕业之后，小 A 找了份和专业相关的工作，繁忙的工作也没能让小 A 对写作的热爱褪去。他依旧坚持写作。他偶然发现某专栏的主页上登出了招聘专栏作者的启事，便尝试着将自己的文章发了过去。没想到，过了几天接到了专栏主编的电话，他通过了初步的筛选，需要提供更多的作品来参与最终的筛选。最终，小 A 获得了这个专栏作者的职位。

谈起梦想，小 A 曾写过："梦想就是无论如何，你都不愿意放弃的事情。无论是否一路坎坷，都无法停止的事情。当所有人都放弃你的时候，你可以选择一蹶不振，或者抿着血腥味爬起来。未来的生活，其实都蕴藏在坚持梦想的日日夜夜里。"

正如小 A 所说，梦想不是一个宽泛的遥不可及的事情，它对于每个人来说都是特别的。即使是生活在不堪现状中的人，也会思考、憧憬日后的生活。我们想成为什么样的人，想过上什么样的生活，想拥有如何的人生，都取决于人生中某一个握紧不放的梦想。

终于成为了专职作家的小 A，时常回到高中的学校里，从教室到收发室的小路上，似乎还能看到当年自己来回奔走的身影。大楼前夹道的梧桐还伫立着，还是当年的模样——曾经被自己写进故事里的模样。"也正是那个时候坚忍的自己，成就了现在的自己。"人生就是一场看似漫无目的的旅行，某个时间某个地点的某些看似毫无用处甚至无关痛痒的事情，最终都会决定未来道路的宽窄和走向。每一个以后，其实都被注定在某一个平凡的从前。

"一蹴而就"是一个被用来告诉人们没有事情是能够这样发生的词语。身材健美的人，一定在过去的很长时间，都处于高强度的锻炼中；能把代码写得比写汉字还顺畅的人，一定花费了很多个漫长的夜晚，对着电脑，绞尽脑汁地研究；能够安稳渡过每一次的波动和坎坷的人，看似一帆风顺的人，实际已经在迎难而上之前，付出了辛劳的汗水，做了充足的准备。

未来看似缥缈，很多人就在这种缥缈的错觉里，错过了一场有趣的人生。未来就在梦想里，在为梦想坚定走出的每一步里。想要成为舞蹈家的人很多，但是最终能够在偌大的舞台上跳白天鹅的人却寥寥无几。日升月落，每一个抓紧梦想的日子，都是在亲手勾勒未来的模样。

不要再惶恐未知的以后，不要再害怕遥远的未来，不必再惶恐逃避，不必再浪费宝贵的当下，要紧紧抓住自己的梦想，牢牢跟紧内心的声音，做自己最想做的事情，哪怕是挤出零碎的时间，去自己最想去的地方，哪怕是长途跋涉，一路艰险。

梦想只有在我们奋力追逐的时候才有意义，否则便不是梦想，而是痴人呓语。未来只活在梦想里，才最真实，否则便不是未来，而是日复一日地苟活。想变成的模样，想要步入的生活，这些是否能够成为现实，都需要我们敬畏梦想，追逐它、实践它，无论如何，都不要松开双手、停下脚步。因为我们追逐的不仅仅是梦想，而是未来的自己，我们最想成为的那个自己。

心之所向，就是梦想

不是只有装修豪华的地方叫作家，炊烟袅袅的地方也是家。不是奢靡繁华的人生才叫生活，柴米油盐酱醋茶也是生活。梦想亦是如此，不是想要成为总统的才叫作梦想，想要当个能够衣食无忧的普通人，也是梦想。梦想没有卑微和高尚之分，无论是什么样的梦，只有踏实地朝着它努力，才是赋予了梦想真实的意义。

心之所向，就是梦想。无论我们想要的是什么，只要是我们愿意奋力去争取的，那便是梦想。梦想从来不卑微，因为每一个梦想的背后都是血汗的堆砌。支撑着我们一路走下去的，就是我们心心念念的地方，或是人，或是某种生活。

工地上汗流浃背的工人、烈日下奔波的快递员、街头挥着扫帚的环卫工人，他们的梦想或许就是让家人有温饱不愁的生活。

为了这个梦想，他们用尽了自己全部的力量，每一块砖瓦、每一个快件、每一条干净的街道，都倾注了他们的心血。这难道不是可歌可泣的梦想吗？

《当幸福来敲门》中有句经典台词："如果你有梦想的话，就要去捍卫它。那些一事无成的人想告诉你，你成不了大器。如果你有理想的话，就要去努力实现。"无论别人告诉你，你的梦想多可笑、多么卑微，甚至是很多人唾手可得的时，莫要因此而放弃。我们做的事情，就是梦想，无论别人嘲笑它、无视它，我们都要拼尽全力捍卫自己的梦想，靠自己的努力证明，梦想的种子一定会有发芽的那天。

梦想是我们最不可放弃的东西，但在生活无情地磨炼下，很多人选择了放弃。失去了梦想之后，人会失去斗志，如果活着只是为了挣钱，那么还谈什么生命的意义！不是只有当科学家才是梦想，想成为一个专业的保洁员也是梦想。梦想本没有光环，是人们咬着牙坚持不懈的追求才让梦想发了光。

出生在中国沈阳的新津春子，被日本媒体称为·"国宝级匠人"。母亲是中国人，父亲是日本人的新津春子 17 岁随家人移居日本。由于语言和教育程度的限制，新津春子最终靠做机场保洁员谋生。但正是这样一份普通得不能再普通的工作，新津春子却做出了自己的"品牌"。日本东京的羽田机场，因为新津春子的存在，而连续四年被评为"世界上最干净的机场"。从候机大厅到厕所，机场的所有角落，都经过了新津春子精心的打扫。机场的负责人对新津春子有很高的评价，在他眼里，新津春子的工作已经完全超越了保洁的范畴，俨然成为了一项令人称赞的技术活。这绝对不是夸大其词的赞赏，新津春子从来不会放过任何一点灰尘，如机场洗手间里的吹风机，长时间地使用，吹风机里难免会滋生细菌且有异味，新津春子每天都会清理它。不仅如此，凡是孩子能够碰到的地方，新津春子都不会使用具有刺激性的清洁剂。

我们都称自己有多么伟大、多么华丽的梦想，但却轻易被一个不起眼的保洁员超过。华丽和高尚，本不在于梦想本身，而是取决于我们每个人。如果我们不断地追逐，不断地提升自己，不断地努力，那么再渺小的梦想也会发芽；反之，梦想再华丽，也不过是幻想。

再小的梦想，都有发芽开花的时候，再大的梦想，也会在碌碌无为中成为触不可及的幻想。既然是梦想，既然是抵死想要去的地方，就值得我们倾注所有来捍卫。再大的梦想也抵不过近乎疯狂地坚持。我们努力去往最想要去的地方，怎么能够在半路就返航，最想要成为的那个自己，怎么能够被现在的自己替代，最想要实现的梦想，就是我们最大的动力。无论如何，以梦为马，诗酒趁年华。

梦想与遗憾无关

我们现在正在做着的，真的是我们曾经梦想的事情吗？在很多人看来，这个答案大概都是否定的，我们只能偶尔踮起脚尖，望着自己最初的梦想，就好像望着一只绚烂的氢气球——随风飘远。

久而久之，当我们的激情逐渐被生活中的琐事所淹没，曾经的壮志豪言，曾经对未来的美好想象，也都被埋在心底的最深处，蒙上厚厚的尘埃。或许偶尔酒后畅谈、午夜梦回，我们还会想起有过这段曾经，但也只是笑笑而过——只是个梦而已。

直到有一天，当我们看到别人牵着那只氢气球走过，看着阳光下的绚烂美丽，此时的心情不止是羡慕与嫉妒，更多的是无尽的遗憾。为何我们要让自己的梦想变成遗憾？为何不曾努力就放弃曾经的梦想？

要知道，梦想从来都与遗憾无关。

在一次同学会上，陈立臣与几个熟悉而陌生的"好基友"再次见面，谁曾想，其中一位竟拿出几本装帧精美的书，送给所有人。陈立臣当时一看，竟是梁斌这小子自己写的书，在大家的道贺声中，梁斌也说起自己的生活：当作家、写专栏，用"码字"养活自己。

看着梁斌侃侃而谈自己实现的梦想生活，陈立臣与大家也回想起自己当初的梦想。一时间，都感慨万分。但在每个人的述说中，却都从事着与梦想无关的事情：梦想到深圳创业的，如今当着"村官"；梦想到上海做金融的，如今却在老家做会计……当然，也有梦想过安逸人生的人，如今过着相夫教子的生活。在梁斌的刺激下，在一片自嘲中，大家都带着淡淡的遗憾。

散席之后，陈立臣与周永走在回去的路上，陈立臣说道："我记得上大学那会儿，你写的文章可比那小子好，记得当初你的梦想，也是做个自由作家，到处走走，看看不同的风土人情，写下不同的故事。"

周永却不以为然道："梦想这东西，还真当真啊！现在生活这么难，能养活自己就不错了，哪还有心思去做什么作家。真要这么做了，如今有没有饭吃还说不定呢！再说，大家不都是这样吗?"

确实，在很多人的心中，所谓的梦想，就好像清晨的雾一样，看着很美，想要触及，但走在路上，这晨雾也在不知不觉中消散，只余下现实的阳光。大家为生活到处奔波，而梦想，却早已无影无踪，甚至不曾被想起。

听着周永的不以为然，陈立臣却怀疑，当他看到当初不如自己的人牵着自己的那只氢气球时，内心会是怎样的震动。那天晚上，当他躺在床上，是否会想起当初的梦想，甚至拿出纸笔尝试写点什么；抑或，叹息一声生活，翻个身之后，继续自己的生活。

梦想从来都与遗憾无关，在追逐梦想的道路上，我们就永远不会有遗憾。只有未曾为梦想而努力过的人，才会在看到别人实现自己的梦想时，感到无尽的遗憾。

人是一种奇怪的群居动物，我们对于自己的定义，大多并非来源于我们自己，而是别人。很多时候，我们对于自己生活好坏的判断，只是个比较值——对比别人如何如何，而非一个绝对值——是否达到了自己内心的期待。

当我们看到周围的人都被现实打败，放弃梦想而沉浸在柴米油盐中时，也就能够心安理得地放弃对梦想的追逐。似乎，我们的失败并非因为自己未曾努力，而是因为这个社会就是这样，这个大环境下，"美梦成真"终究只是个梦而已。至于那些真的实现梦想的人，他们则只是故事里的人。

在《牧羊少年的奇幻之旅》中，喜欢旅行的牧羊少年梦想着金字塔的壮美，追逐着金字塔的宝藏，在一路的奇幻冒险中，经历了被窃、炼金术师、爱情、战争之后，牧羊少年最终实现了自己的梦想。

在回想起这段冒险之旅时，牧羊少年感慨道："一路上我都会发现从未想象过的东西，如果当初我没有勇气去尝试看来几乎不可能的事，如今我就还只是个牧羊人而已。"

生活确实离不开柴米油盐，但除此之外，我们也能够拥抱琴棋书画；现实确实少不了"铜臭味"，但闲暇之时，我们也可以点燃檀香。但如果我们没有勇气去尝试自以为的不可能，又怎么可能脱离生活琐碎的困扰呢？

梦想从来都与遗憾无关，这样我们在追逐梦想的道路上，纵使失败，我们也能说一句"无悔"。

很多人对于梦想的理解很简单：我当初想创业，结果后来自己做了公务员，看到别人创业成功，觉得遗憾，就认为创业是自己的梦想。然而，我们是否曾经真心地为这份梦想策划过方案？我们是否想象过该走怎样的道路实现梦想？我们是否描绘过这份梦想实现的未来？如果我们为之遗憾的，只是曾经蹦出的某个想法，这并不能称为梦想。

梦想从来都与遗憾无关，我们追逐的梦想，必然是我们心中所想，而非因为某种遗憾情绪，就将其当作梦想。

奥斯特洛夫斯基说："人的一生应当这样度过——当回忆往事的时候，他不至于因为虚度年华而痛悔，也不至于因为过去的碌碌无为而羞愧。在临死的时候，他能够说：'我的整个生命和全部精力，都已经献给世界上最壮丽的事业——为人类的解放而斗争。'"

人类的解放是奥斯特洛夫斯基的梦想，对于我们而言，我们的梦想或许没有这么伟大，但相同地，在临死的时候，我们也应当能够说出"我的整个生命和全部精力，都已经献给我的梦想"。

梦想决定习惯和时间

思想决定行为，行为决定习惯，习惯决定性格，性格决定命运。事实上，在追逐梦想的过程中，从我们确定了自己的梦想开始，我们的习惯和时间就将被决定。只有养成相应的习惯，我们才能在既定的时间内，实现我们的梦想。

实现梦想从时间管理开始，只有将每天的每一分每一秒都发挥最大的价值，我们才能真正实现梦想。否则，在时间的浪费中，我们的习惯也无法形成，梦想也永远只是一个梦。

如今，人们对于时间管理的关注度越来越高，但很多人却陷入一个误区。时间管理是让我们的时间更加值钱，并非是让我们在原本的时间里完成更多的工作。通过对时间的有效规划，实现工作、学习、生活各方面的平衡，让我们拥有更多的时间去享受生活、充实自己，进而实现梦想。

时间管理是个十分完善的管理系统，在对时间内任务清单的制订中，分出轻重缓急，从而更加效率地利用时间。一般而言，我们生活中所有的事项都可以被分到四个象限中：重要紧急、重要不紧急、紧急不重要、不重要不紧急。

通过对所有事项进行系统的划分，我们就能合理安排每件事的处理时间，从而有条不紊地向梦想出发。也只有在对所有事项的分析分组中，我们才能做到"断舍离"。

断舍离的概念由日本杂物管理咨询师山下英子提出，在该概念中："断"就是不买、不收集不需要的东西；"舍"就是处理掉没用的事物；"离"就是离开对物质的迷恋，让自己处在一个宽敞舒适的空间。

在空间和时间上做到断舍离，我们就能避免将精力投入到无谓的事项上，从而提升我们的时间效率。

在对各种事项进行分析的同时，我们也要对时间进行分析。如何对时间进行分析呢？其实很简单，我们的每一天都大致可以分为这样一条线：起床——上班——午休——上班——晚饭——晚休——睡觉。

基于每个人的特性，在不同的时间段，每个人的状态都有所不同，有的人早上起来就很精神，但有的人早上则昏昏沉沉的，反而下午或晚上状态最好。无论如何，找出自己状态最佳的时间，并将重要的事项放在这个时间段集中处理。

正如前文所说，时间管理是一个十分完善的管理系统，为了实现我们的梦想，我们的事项都可以根据这套系统进行分组，并更加效率地完成各项任务。但在其中，有一点是适用于所有梦想追逐者的，那就是减少"过渡时间"。

如果我们决定做一件事，那就立刻着手去做，不然的话，很可能就此白白浪费半个小时甚至更多的时间。比如很多人在真正去做一件事之前，会突然想到：地板有点脏、衣服还没洗、家里很杂乱……不收拾一下实在不能静下心来做事。于是，他们的心思就这样被完全分散掉，在真正着手去做一件事之前，就已经丧失了对事物的关注度。

当我们决定了自己的梦想时，我们就应当立刻着手去做，而第一步就是对生活进行时间管理分析，让自己的时间更具效率，而不至于在繁忙一天之后，才发现工作没做好，学习没学好，连休息娱乐也没做好。

在完全分析之后，我们就要根据自己的时间管理计划，开始养成相应的习惯，将时间管理变成生活的习惯，从而更快地接近我们的梦想。

在我们每天的行为中，大约只有 5% 是属于非习惯性的，而剩下的 95% 的行为都是习惯性的。当我们明白这个数据，我们也就会明白亚里士多德所说的："人的行为总是一再重复，因此，卓越不是一种单一的举动，而是习惯性的塑造。"

相信很多人都听过这样的道理：三个星期的重复，就会形成一种习惯；而当重复三个月以上，就会形成稳定的习惯。

我们无法确定实现每个梦想所需的习惯，但大体而言，有三种习惯，是在追逐梦想之路上必须养成的。

其一，学习。杜鲁门作为美国总统，却从未读过大学，但也正是他说出了："不是每个读书人者都会成为领袖，但领袖必须是读书人。"事实上，在当今社会，越来越多的人成为"读书无用论"的拥趸，在毕业之后，大概没有多少人会再主动学习。但奇怪的是，但凡为人所知的成功者，他们的成功都离不开不断地学习，他们的书桌上、床头边总会摆放一些书籍，甚至会做读书笔记。

其二，健康。"身体是革命的本钱"，健康是支撑我们追逐梦想的根本，如果没有健康的身体，那么，且不谈能否触及梦想，即使真的有幸实现梦想，大概也不得不感叹一句"朝闻道，夕死足矣"。这并非危言耸听，很多人认为追逐梦想就是要不顾一切，因此，他们废寝忘食地去做。然而，在追逐梦想的时间管理中，工作、生活、学习的时间分配，都需要以健康为基础。

其三，旅游。小时候，我们在父母的呵护下长大，父母给我们遮风防雨，帮助我们抵御外界的侵扰。但这种呵护，有时候会变成我们成长的一种障碍，因为父母的溺爱，会让我们变成"井底之蛙"。我们不要封闭自己，也不要埋怨别人，而是要勇敢地走出去，去外面的世界经受风雨，而旅游就是最好的方式之一。因此，在追逐梦想的道路上，我们应当养成旅游的习惯。旅游并非吃饭、拍照、买纪念品这些简单的方式，而是要真心实意地去体会。事实上，只有在不同的风土人情中，我们才能获得经验的积累；只有在各地的人情世故中，我们才不会因为"坐井观天"而骄傲自满。

每个人的时间管理和习惯养成都有所区别，但相同之处在于，我们的时间和习惯都由梦想所决定。如果我们的梦想是安逸一生，那么，我们的时间可以更多地被分配给生活；如果我们的梦想是事业有成，自然应该重视工作，养成事业为重的习惯……

如果我们确定了梦想，却不能养成相应的习惯，不能进行对应的时间管理，梦想就只能是个梦。

擦干泪水，继续前进

人有七情，喜、怒、忧、惧、爱、憎、欲。对应这些感情，就有了哭哭笑笑的人生。快乐的时候，我们欢笑；悲伤的时候，我们哭泣；担忧的时候，我们紧凑眉头；憎恶的时候，我们撇撇嘴巴，表达不屑……人的表情非常丰富，可以表达内心深处极其细微的感情。

著名画家徐悲鸿观察力极其敏锐，曾经把人的表情归为喜、怒、哀、惧、爱、厌、勇、怯这些类别。其实，这只是大类，如果仔细分辨，人的表情足足高达 7000 种以上，可谓千变万化。那么，究竟是什么支撑着如此丰富的表情在人类脸上轮番上演呢？研究证实，人类的脸上有几千条肌肉可以调动，以此来表达丰富的情绪。这些肌肉是人类表情的导演，让喜怒哀乐惧等情绪轮番在我们的脸上呈现。如此多的表情之后，有一种非常特殊的行为，它伴随我们来到人世，陪伴我们一生，那就是——哭。

新生儿为什么会哭呢？很多人都知道，新生儿呱呱坠地的时候必须哭，如果不哭，医生甚至会拍拍他的小屁股，让他发出强有力的哭声。新生儿的哭泣是一种正常的生理活动，哭泣能够促进新生儿的肺部发育，扩大新生儿的肺活量。因此，新生儿的哭泣纯粹出于生理需求，他同时也以此昭告世界：我来了。在此之后，在学会用语言表达自己的需求之前，婴儿大多数用哭泣表达自己的需要。饿了要哭，尿了要哭，困了要哭，便便了要哭，或者觉得哪里不舒服了，也要哭……如此多的哭声，需要妈妈用心去感受，才能分辨出婴儿的需要。可以说，在出生后的很长一段时间内，哭是婴儿的语言。

长大以后，我们很少哭泣。哭泣，似乎是怯懦软弱的代名词。女性还好，因为哭泣似乎是她们的专利，人们很少去指责一个因为伤心而哭泣的女性。男性则不同，几千年来，社会赋予男性勇敢承担的角色，所以成年男性很少哭泣，因此才有"男儿有泪不轻弹"。其实，哭泣并非一无是处，至少哭泣可以帮助我们发泄感情，让我们能够很好地舒展情绪，不至于郁结于心。然而，从解决问题的角度来说，哭泣则是毫无用处的。哭泣能解决问题吗？不能。事情的结果会因为你的哭泣而改变吗？不能。哭泣能够弥补事情的结果吗？不能。这么多不能，让我们意识到，哭泣于事无补。所以，如果你想发泄情绪，那就找个没人的地方痛痛快快地哭一场。如果你想解决问题，那么就忍住泪水，积极地想办法。

秀高考落榜了，原本她以为自己能考进一所很好的大学。谁也想不到，她因为紧张发挥失常，与心仪的大学失之交臂。高考，在那个年代，意味着一生的梦想。秀觉得自己的人生垮了，她不好意思去复读，觉得太丢人了。所以，她选择在家里哭泣。几个月了，她从未出过家门，每天夜里都泪湿枕巾，让父母操碎了心。

一天，去上大学的米粒回家看望父母。她是秀最好的朋友，还是三年的高中同窗。当听说秀到现在还没有走出高考落榜的阴影，米粒觉得应去看看秀，骂醒她。看到秀，米粒大吃一惊。虽然时间只过去几个月，秀红润的脸庞已经塌陷，脸色蜡黄蜡黄的。再看看秀的父母，已然老了好几岁。看到米粒来了，秀的父母很高兴，他们知道，秀和米粒是好朋友。

米粒劈头盖脸地问："秀，你到底准备哭到什么时候?"秀眼睛红红的，说："你去上大学了，当然不理解我的心情。我完了，这辈子都完了。"米粒嗤之以鼻，不屑地说："我不是因为你没考上大学鄙视你，但是我因为你现在的样子鄙视你。哭有用吗? 今年考不上，如果想考，明年也可以考啊。如果不想考，那就该干嘛干嘛去，不上大学的人多了，人家不也活得好好的嘛!"秀绝望地说："不上大学能干什么，只能种地。我不想面朝黄土，背朝天。"米粒突然故作神秘地对秀说："秀，你和我去我读大学的那个城市吧，你知道吗，大城市工作机会很多，不上大学，也能找工作。再告诉你一个秘密，我们的辅导老师就不是大学生。他和你一样，高考落榜了，后来参加了工作，又自学成才，读完了研究生。现在是我们的辅导老师呢。"秀瞪大眼睛："你说的是真的吗？工作了，也可以再读书？"米粒毋庸置疑地说："当然了。现在教育的方式多种多样，想要提升学历也很容易。为了替你打听这些事情，我专门去请教了辅导老师呢！"听了米粒的话，秀的眼睛放出了光芒。

秀背起行囊去了大城市打工，她不想因为自己高考失利再增加父母的负担。她要边工作，边学习，提升自己。她一定不能比米粒落后，她暗暗告诉自己。

哭泣，只能发泄我们的情绪，不管遇到什么事，我们都不能永远地沉迷于情绪之中。再悲伤，再绝望，情绪终究要散去。如果一直沉浸在负面情绪中不能自拔，每天哭肿了眼睛，最终的结果只能是耽误自己的前程，使自己的人生沉沦，再沉沦。秀很幸运，有米粒这个好朋友。米粒给她指出了一条道路，让她重新看到生活的希望。未来，秀一定会走出属于自己的人生。

朋友们，你们是否也常常哭泣？现代社会，生活节奏越来越快，生活压力越来越大。如果觉得心情不好，不妨约上三五好友，做些让自己开心的事情。如果遇到难处，想要哭泣，那就尽情地哭吧。但要记住，哭泣，不是解决问题的途径，哭泣之后，要擦干泪水，继续前进！

第六章
学会理财，总有一天你会收到意外的惊喜

学会理财，总有一天你会收到意外之喜，或者庆幸自己当初的明智之举。刚刚有收入的年轻人，一定要培养自己的理财意识，收入高的多做一些安全的投资，收入不理想的就少做一点儿，但不能不做。

人生中，永远存在着各种风险。而长期理财的好处，就是未雨绸缪，积极地防御，把风险控制到可以接受的程度。

金钱不是万能，没钱是万万不能

法国著名的思想家罗曼·罗兰曾说："人不能光靠感情生活，人还要靠钱生活。"

美国著名作家泰勒·希克斯在其所著的《职业外创收技巧》中指出，金钱可以使我们在12个方面生活得更美好：物质财富，娱乐，教育，旅游，医疗，退休后经济保障，朋友，更强的信心，更充分地享受生活，更自由地表达自我，激发你取得更大成就，提供从事公益事业的机会。

事实上，人类社会发展的历史也已经说明，金钱对任何社会、任何人都是重要的。随着现代社会的不断发展，人对物质生活的要求不断提高，在现实生活中，我们每个人都得承认，金钱不是万能的，但没有钱却是万万不能的。

再没有比腰包鼓鼓更能使人放心的了。金钱的确能增强人的自信心。成功学大师拿破仑·希尔曾说："口袋里有钱，银行里有存款，会使你更轻松自在，你不必为别人怎么看你而过多忧虑。如果有人不喜欢你，没关系，你可以找到新的朋友。你不必为几百块钱的开销而操心，你可以潇洒地逛商品市场，自由地出入大酒店。"

通常在年轻人的聚会上，一旦有人说爱钱，其他人会鄙视其为俗人，甚至还不忘记加上一句："钱这东西生不带来，死不带去，你要那么多钱干吗？真俗！"可是，几年过去了，这些所谓的"雅人"们依然和父母住在一起，为每个月的生活费发愁，为孩子上学的学费发愁。而那些"俗人"们却已经开上了自己的车，住上了自己买的房。看到这些，那些自诩为"雅人"的人还会说人家俗吗？

金钱是我们生存的保障，同时也代表着我们的自信和尊严，那么我们可以大胆地撕下一切伪装，毫不掩饰自己对它的热望。及早认识这一点，可以最大限度地调动一个人的聪明才智。

美国钢铁大王卡内基曾经说过："贫穷是无能的表现。"此话也许显得有些绝对，但现实生活就是随着年龄的增长，结婚置业、赡养父母和抚养后代的责任会随之而来，钱在生活中越来越不可或缺。对于二十几岁的年轻人来说，要想致富，第一步就是先改变思想，尤其是思想中对金钱的负面联想必须先消除，要建立对金钱的正面联想，像有钱人一样思考，才会有和他们一样的结果。

人喜欢与接受他的人在一起，钱也是一样，你不断地想它不好、排斥它，它就不会来找你。而如果你热爱钱，也非常珍惜钱，就能保留自己已获取的财富，通过正确的理财方式，自然会成功地致富。

早理财早受益

年轻人一般工作时间不久，刚开始踏上工作岗位，大多数人的收入都比较低。由于青年人活泼好动，难免经常和同学、友人聚会玩乐，或者开始恋爱。因此，花销较大就不可避免了。

也就是说，一个人从踏上工作岗位起，就应当学会理财了。

正如理财专家所提示的，年轻人理财一开始并非是以投资获利为重点，而要以积累资金及经验为主导。

其实，理财的过程，也就是我们每个人把那些金融工具以及相关技术串联起来，参与、实践和完成财富积累的过程。

在年轻人当中，不乏这样的一些人，他们学历高，专业热门，毕业后找到了好工作，每个月工资至少万八千。所以他们觉得没必要理财，节流不如开源。

其实，这种随性对待自己钱财的态度看似自在潇洒，实际上还是因为没有遇到不可预期的风险。一旦遇到了问题，他们就会发现，目前的这种理财观念是行不通的，它会让你在缺乏有效防御的前提下，将自己置于在风险之中，从而遭受挫折或损失。

学会理财，总有一天你会收到意外之喜，或者庆幸自己当初的明智之举。刚刚有收入的年轻人，一定要培养自己的理财意识，收入高的多做一些安全的投资，收入不理想的就少做一点儿，但不能不做。

人生中，永远存在着各种风险。而长期理财的好处，就是未雨绸缪，积极地防御，把风险控制到可以接受的程度。

即使在目前，你的工资已经远远高出同龄人，暂时不必担心生计问题。但是要知道，随着时间的推移，你可能会面临买房、结婚的事情甚至以后养育子女的问题，面对这一大笔即将到来的支出，如果不及早做打算，到用钱时怎么办？其实，所有这一切不可预期的意外，只要你在平时有足够的风险意识，未雨绸缪，遇到问题时可能就会是另一种结果。

邢欣刚毕业就进入一家大型广告公司，拿的薪水和福利待遇是让同龄人都羡慕不已的。邢欣花钱大手大脚，从来没有理财的概念，所有存下来的钱，一概扔在工资卡里就不闻不问了。邢欣眼看着工资卡上的钱越来越多，就觉得这样处理钱就已经很安全了。至于那些股票、基金之类的东西，在邢欣看来都是不实用的，说不定还会有什么风险把原有的积蓄给搭进去，哪有老老实实放在银行里安全。

时间很快就过去了，几年后，许多投资理财的同事们在新一轮的牛市中，理财收益都在10%以上，加上他们原有的存款，可以让他们轻轻松松地交付房子的首付款。所以很多人都纷纷开始计划购房置业，而邢欣的存款却只能保证他在几年之内衣食无忧而已，直到这时邢欣才发现，自己和其他人相比，已然输在了起点上。

理财的最佳方式并不只是追求高超的金融投资技巧，更重要的是要掌握正确的理财观念，尽早开始，并且持之以恒。

我们一直在强调一个观点，就是理财一定要尽早开始。许多年轻人有可能会觉得自己刚刚步入社会，用钱的地方很多，存钱理财有难度，不如等将来工作比较稳定时再开始。这种想法是不正确的。

小王和小李两个人都是每月存1500元，只是小王比小李早存了一年。那么在20年后，如果以5%的投资回报计算，小王可以拿到大概616550元；而小李因为晚做了一年，只能拿到569020元。他们回报的差额是多少呢？47530元。这已经远远高于两个人相差一年的投资额18000元，这就是复利的魔力，每次投资的收益都可以作为下次投资的本金，年限越长，收益率越高，复利的效果就越明显，两者的差异也就越大。

早点行动是最佳之计，再说年轻时的储蓄能力其实并不会低于年长时，毕竟没有太多的负担，主要是看自己如何规划。要知道，拖延时间就是拖延累积财富。

具有理财意识，才会终身受益

许多年轻人在谈到理财的问题时，经常会说："我没财可理。"尤其是刚毕业参加工作不久的年轻人更是如此。他们经常会说："等我有了钱以后再去考虑投资的事吧，我现在可没有那么多闲钱。""等我有了 10 万元再去投资也不迟，现在多多赚钱才是最重要的。"

对于这样的见解，理财专家们相当不以为然。他们的理由是虽然青年人投资理财的资金不足，但是却有充裕的时间去学习，股市有一句话叫"以时间换空间"，越早进入投资领域，个人资产增值的空间也就越大。所以千万别拿钱不够花当不理财的理由。

目前收入还不算太丰厚的年轻白领，偏偏又是有最多的物质需求的一群。买房子、买汽车、买时装，以及每年的外出旅游度假对他们都有极大的吸引力。这样算下来原本还不算少的收入就显得不太够用了。就像我们常说的那样，他们挣得多，花得更多。

这些年轻人对自己的经济状况总是怀着这样的错误认识，"等我升职做了××，我就会有钱了""等我月收入到了××元，我就有钱了"。但是，实际情况却是，随着工资的增加，他们的消费水平也在不断地攀升，储蓄没增加多少，各种负担却增加了。

22 岁的小王本科毕业，工作刚满半年，月收入是 2400 元；25 岁的小刘专科毕业，工作三年，月收入 1500 元。按常理小王每月收入比小刘多，他应该比小刘"更具备理财的条件"。事实真是这样的吗？他们两个人均是每月月初单位开支，结果半年后，小刘存下了3300元，小王只存下了不到600元。

小王在衣食住行上的开销都要高出小刘，除去这些基本消费，在旅行、健身、购置自己喜爱的电子产品方面还有一大笔支出，粗略算下来，基本消费加上娱乐消费，小王的2400元月收入所剩无几。而小刘虽月收入不高，但一切从简，基本消费只有800元，又没有抽烟、喝酒等其他嗜好，喜欢看书，每月花100元左右买书。这样算下来，小刘每月的开销大概在900元，半年能节余3600元，除去一些别的开销，小刘半年下来存了3300元，之后他又把其中的3000元转成了一年期定期存款。

其实比小王收入低得多的大有人在，但他们一样能理财。千万不要告诉自己"我没财可理"，要告诉自己"我要从现在开始理财"。只要你有收入就应尝试理财，这样才能给自己的财富大厦添砖加瓦。

李涵大学毕业一年多了，在一家汽车零部件公司上班，月薪3500元，不算多也不算少。自从他工作后，虽然没有再向家里要过钱，但是也从没给家里寄过钱。银行卡里常常是一分不剩，典型的月光族。一年下来，他连买个新手机的钱也拿不出来。后来，他去工厂时了解到，厂里不少工人每个月1000多元的工资，每年都能存下几千块钱，多的还有上万元的。

李涵自叹工资不高："就这么点钱，又不是有钱人，需要理什么财啊。每个月底都用光了，哪里有钱再去投资什么呢。"那么，是不是没钱就不要理财了呢？错！有钱人要理财，没钱的人更要理财。

刚毕业的年轻人，大多数人的工资的确都不算太高，能够不依靠父母，自食其力就已经相当不错了，要是再从本来就捉襟见肘的那点可怜的工资中拿出一部分来用作理财的话，听上去确实有些勉为其难。

但是，理财在很大程度上和整理房间有异曲同工之处，一间大屋子，自然需要收拾整理，而如果屋子的空间狭小，则更需要收拾整齐了，才能有足够的空间容纳物件。我们的人均空间越是小，房间就越需要整理和安排，否则会凌乱不堪。同样，我们也可以把这个观念运用到个人理财方面，当我们可支配的钱财越少时，就越需要我们把有限的钱财运用好。

不要说，理财是有钱人的事；也不要说，理财是高学历、商人的事；更不要说，理财是中老年人的事。其实，理财面前人人平等。

年轻人由于经济和阅历等方面的原因，大可不必像中年人那样，一定要靠理财达到一个很高的财务预期。但是，作为来日方长的年轻一代，最起码的理财意识是一定要有的。尤其是刚步入社会的时候，培养正确而有效的理财意识会让自己终身受益。

今天不花明天的钱

年轻人的消费观念越来越超前，胆子也越来越大。一项对都市青年的调查显示，有57%的人表示"敢花明天的钱"。这些乐于负债消费的"负翁"们都有着共同的特点：年轻、学历高、收入稳定，并且对未来有着较高的预期。

这些"负翁"们，尽管提前享受到了丰富物质的幸福生活，但同时贷款压身的巨大压力也接踵而至。一些人甚至表示，为了不出现债务危机，他们所有的精力都必须放在赚钱上，个人的自由、劳动、时间都受到了束缚，成为负债消费的奴隶。

每个月领薪水的日子是上班族们最期盼的日子了。这些年轻的白领们终于有钱用了，自然是非常高兴。

他们经常是发完工资没几天就又盼着发下个月的工资了，因为薪水发了没几天就用光了，严重的甚至入不敷出，有的甚至还要大借外债。今天的钱不知道怎么就花没了，居然要花明天的钱来填补这个巨大的无底洞。

月初领薪水时，钱就像过节似的大肆挥霍，月末时一边缩衣节食，一边盼望下个月的领薪日快点到，这是许多上班族的写照。

面对这个消费的社会，物欲横流，要想拒绝外物的诱惑当然不是那么容易，但年轻人一定要对自己辛苦赚来的每一分钱负责。要具有完全的掌控权，要先从改变这些理财的不良习惯下手。以下是几点建议：

1. 制定出适合自己的预算

首先，把你这一年里固定的开销列出来——房租、食物预算、利息、水电费、保险金。然后计划你其他的必要开销——衣服、医药费、教育费、交通费、交际费，等等。拟订计划需要决心、家庭合作，有时候还需要严谨的自制力。我们必须决定什么东西对我们最重要，而牺牲掉最不重要的东西。为了拥有一个舒适的家，你可能得放弃买昂贵的衣服，但为了一套你必须拥有的衣服，你可能就得牺牲你的空调了。每个人的情况都不相同，所以这必须由你和你的家人来做决定。

2. 学会积累

工资一发下来，首先不要想怎样花掉它，而要想办法储蓄。每个人都知道，小钱可以攒成大钱。但要实行，就有困难了，这需要持久的毅力和不变的决心。如果你把每年收入的10%储蓄起来，虽然物价高昂，或在经济不景气的年头，不到几年你就可以获得经济上的自由。请注意，即使当你非常需要钱用的时候，也尽量不要动用储蓄的钱，这对于你长期维持储蓄的计划十分重要。

3. 留一笔紧急备用的资金

每个人、每个家庭都会遇到紧急的事情，这些事情又往往需要一大笔钱。大部分的预算专家都劝告每一个家庭，至少要存下1～3个月的收入，用于紧急事件。不要试着存太多的钱，不然你将难以保持，结果是根本就存不了钱。不如固定存上一点儿，效果会更好。

如果你从没有做过预算，就应该马上开始学习如何处理家庭财务的预算问题。金钱并非万能，这句话可真不错。但是，如果知道如何聪明地处理你的金钱，就可以给你的事业和家庭带来更多的安宁、幸福与利益。

年轻人经常是固定的收入不多，但花起钱来每个人都有"大腕"的气势：身穿名牌服饰，皮夹里现金不能少，信用卡也有厚厚一叠，随便一张都可以刷，获得的虚荣心的满足胜于消费时的快乐。

要改变"今天花明天的钱"的不良习惯，首先要有理财的意识。要了解理财，明白理财的重要性，要认识到自己之所以寅吃卯粮，是因为没有树立起理财的观念，没有适时消费、为以后的生活做准备的意识，一切都是走到哪儿看到哪儿，有一天的钱就花一天的钱，甚至是今天花明天的钱，这种混乱的生活方式和态度决定了你的财务状况一团糟。

理财最打动年轻人的地方，是它可以让人合理、长远地规划自己的人生，将财富与理想结合起来，让自己的人生更加稳定和健康。树立理财意识，财神就会降临在日常生活中，因为理财是规划你的财务甚至你整个生活的一种观念、一种技巧、一门学问，甚至还是一门艺术。有了理财的观念，养成理财的好习惯，就不用在钱的问题上焦头烂额，甚至可以试试当债主的感觉。

储蓄是防御性的理财方式

近年来，人们的理财选择日益丰富，货币市场基金、外汇结构性理财产品、人民币理财产品等令人应接不暇。在个人理财大行其道的今天，理财似乎已成为储蓄的代名词。因而有些人忽视了合理储蓄在理财中的重要性，错误地认为只要理好财，储蓄与否并不重要。

然而，每月的储蓄正是投资资金源源不断的源泉。只有持之以恒，才能确保理财计划逐步顺利进行。因此，进行合理的储蓄，是理好财的第一步。

我们来看看小倩是怎样储蓄的：

小倩工作第二个月，妈妈就以小倩的名义，在银行开了一个零存整取账户，每月固定存入 1000 元。那时候，小倩的工资全部加起来还不到 2000 元。一开始，小倩是满心的不乐意，看着同时参加工作的女伴，每月发了工资的那几天，随心所欲地购买心仪的服装和化妆品，而自己却只能小心翼翼地算计着过日子，小倩没少向妈妈抱怨。无奈妈妈丝毫不为所动，到了发薪水的那天，总是不忘提醒小倩把钱按时存入账户。

后来，小倩意外地发现自己的账户里有很多钱，可以准备投资了。当然，小倩最感谢的就是妈妈，如果不是妈妈一开始就强制她储蓄，使她养成量入为出、不盲目消费的好习惯，也就没有她后来可以用来理财投资的充足储备资金。小倩经常提醒她的朋友"平时无论钱多钱少，一定要使自己养成储蓄的好习惯，实在不行的话，就学我妈妈这样强制储蓄"。

平时要养成"先储蓄再消费"的习惯，实行自我约束，每月在领到薪水时，先把一笔储蓄金存入银行（如零存整取定存）或购买一些小额国债、基金，"先下手为强"，存了钱再说，这样一方面可控制每月预算，以防超支；另一方面又能逐渐养成节俭的习惯，改变自己的消费观甚至价值观，以追求精神的充实，不再为虚荣浮躁的外表所惑。这种"强迫储蓄"的方式也是积攒理财资金的起步，生活要有保障就要完全掌握自己的财务状况，不仅要"瞻前"也要"顾后"。让"储蓄"先于"消费"吧！

"先消费再储蓄"是一般人易犯的理财习惯错误，许多人在生活中经常感到左入右出、入不敷出，就是因为"消费"在前头，没有储蓄的观念，或是认为"先花了，剩下再说"，低估了自己的消费欲及零零散散的日常开支。

也有很多人每个月都会将工资的一部分储蓄起来，有些人储蓄10%的工资，有些存20%，有些存30%，还有的是把没有花出去的钱储蓄起来，每个月储蓄多少基本没谱。

那么从理财的角度来说，怎样才是科学的储蓄呢？我们都知道，理财是为实现人生的重大目标而服务的，而每月的储蓄其实就是投资的来源。因此，合理的储蓄应该先根据理财目标，通过精确的计算，得出为达成目标所需的每月应存储的金额；然后量入为出，在明确的理财目标的指引下，每月都按此金额进行储蓄。至于每月的支出，那就是每月的收入扣除每月的储蓄额后的结余了。

有些人可能会说，"收入－储蓄＝支出"与"收入－支出＝储蓄"不是一样吗？从数学的角度来看，这两个等式确实一样，但从理财的角度看，两者却有天壤之别。每个人的收入基本上都是确定的，可以变化的也就是支出和储蓄了。如果是后一个等式，那么储蓄就变成可有可无了，有就存，没有就不存，并不是必须项，这也就是很多人理财计划做得不好、存不下钱的原因所在。只有重视储蓄，真正把它当作一项任务去完成，理财才有成功的可能。

合理储蓄窍门有二：其一，修正理财目标，延长达成目标的年限；其二，增加收入，如果既不想压缩开支，又要如愿完成目标，那就只能想办法增加自己每月的收入了。如果你的收入弹性不是很大，那还是调整理财目标比较合理。理财，是一个漫长的过程，一定要多存钱、多储蓄，手头上有节余、有能够运用的资金，才能用钱滚钱，才有办法抓住投资生财的机会。养成适当的生活、消费习惯，量入为出，避免"寅吃卯粮"，简单地说就是，不要每个月一进账就花光，甚至透支。

当然储蓄也有许多技巧，譬如："不等份储蓄"可以降低利息损失；"阶梯储蓄"增值取用两不误；"时间差储蓄"见缝插针赚利息；"组合储蓄"一笔钱可以获两次利息；"约定自动转存储蓄"能有效避免利息白白流失；"预支利息储蓄"是负利率时期的最佳应急方式，等等。所以，如果有时间的话，不妨找一些这方面的书仔细研究一下，别看只是一些小钱，但积少成多就是一笔大钱了。

如何投资债券

估计很多朋友都有购买债券的经历，但是可能就在这些有购买经历的朋友中，很多人却连债券是什么都搞不清。

　　债券是一种有价证券，是社会各类经济主体为筹措资金而向债券投资者出具的，并且承诺按一定利率定期支付利息和到期偿还本金的债权债务凭证。由于债券的利息通常是事先确定的，所以，债券又被称为固定利息证券。

　　正是因为债券的利息通常是事先就确定的，所以，相对于其他风险高的投资类别来说，债券相对来说应该是非常安全的投资工具了，尽管债券的回报率低了点，但是由于债券的种类不同，其收益和风险程度也不尽相同。如果合理搭配，就可以做到债券投资稳赚不赔。下面我们就根据我国目前的债券类别给大家介绍一下投资什么样的债券才能够赚钱。

　　地方债。这种债券虽无风险，但其利率低于定期存款利率，所以，这种债券受欢迎程度不高。如果买地方债，还不如直接存银行的定期。

　　公司类债券。公司类债券有一定的风险，因为其还款来源是公司的经营利润。但是任何一家公司的未来经营都存在很大的不确定性，因此公司债券持有人承担着损失利息甚至本金的风险。所以，这种债券不适合普通老百姓投资，而适合比较了解公司经营状况、眼光精准的投资者。

　　城投债。由于缺少科学的评级体系，这种债券存在着潜在偿还风险，且受资金投出成效影响，也不适合普通老百姓投资，建议大家慎重。

　　债券基金。在国内，债券基金的投资对象主要是国债、金融债和企业债。债券基金有以下特点：①低风险，低收益。由于债券收益稳定、风险也较小，相对于股票基金，债券基金风险低但回报率也不高。②费用较低。由于债券投资管理不如股票投资管理复杂，因此债券基金的管理费也相对较低。③收益稳定。投资债券定期都有利息回报，到期还本付息，因此债券基金的收益较为稳定。④注重当期收益。债券基金主要追求当期较为固定的收入。相对于股票基金而言缺乏增值的潜力。债券基金较适合于不愿过多冒险，谋求当期稳定收益的投资者。

凭证式国债。这种债券无风险，适合资金基本不需动用的人，投资门槛是最低1000元，可以通过银行柜台交易，其收益高于银行定期存款利率。这是一种纸质凭证形式的储蓄国债，可以记名挂失，持有的安全性较高。

记账式国债。这种债券也没有风险，适合有流动需求的年轻人，投资门槛为最低1000元，可以通过银行柜台、证券交易所交易，其收益略低于同期存款利率。认购记账式国债不收手续费。但不能提前兑取，只能进行买卖。记账式国债的价格是上下浮动的，低买高卖就可以稳赚不赔。记账式国债期限一般较长，利率普遍没有新发行的凭证式国债高。

电子储蓄国债。这种债券也无风险，适合对资金流动性要求不高的人，它只能通过银行柜台交易，其收益高于银行定期存款利率。电子储蓄式国债的投资门槛较低，一般100元起，按100元的整数倍发售，不可以流通转让，但可以按照相关规定提前兑取、质押贷款和非交易过户。电子储蓄国债在提前兑取时，可以只兑取一部分，满足临时部分资金需求。另外需要注意，电子式国债的质押需要系统支持，不是每个银行都能办理。

当然了，债券式基金尽管很受欢迎，但毕竟有一定的风险，而且严格来说，它属于基金而非债券。

也有些人觉得债券投资收益太少，便不愿意做这种投资，其实不然，只要坚持，还是能够获益不少的。而且，债券投资也并不只是收入一般的普通老百姓会选择的投资工具，很多资本充足的人也会选择这种投资方式。

张女士是一位私营业主，前两年在股票、基金市场都有投资，且获利颇多。今年年初，其朋友的公司正好需要一笔短期资金，张女士就卖出了手上的股票、基金，清仓了！没想到，这一卖竟意外躲过了股市大跌。上个月，朋友还回了钱，躲过大跌而有些后怕的张女士再进行投资的时候，没有再考虑买入股票，而是想投资低风险、安全的品种。在一位做基金经理的朋友的建议下，张女士最终果断选择了投资债券。张女士买入的这家公司债年回报率在8%以上，与银行存款等固定收益投资相比，利率还是高出不少，更主要的是风险很低。据了解，在买入这家房地产公司的公司债之前，张女士专门和基金经理朋友一道前往公司进行了考察，认为该公司发展前景不错。

为什么张女士会选择这种方式呢？其实很简单，因为通过买债券能够安安稳稳地赚小钱，赚得虽少，但是心里踏实。

做个经济独立的人

美国前总统富兰克林曾经说过："两个口袋空的人，腰板站不直。"年轻人一定要保证经济上的独立。所谓经济独立，就是指在经济上能够依靠自己的劳动维持自身生活，也就是不依赖他人生活。一个原因是：你已经是成年人了，不可以再依赖父母或者别人了。另一个原因也是最重要的原因：只要经济独立了，你才可以保证人格上的独立，挺起腰杆，受到别人的尊重。

当代著名学者李敖曾经说过这么一句话："有钱才能人格独立。"

刚刚涉世的年轻人，不缺乏勇气、不怕孤立，可以义无反顾、勇往直前，但这些得有支撑的力量。而这些支撑的力量中最重要的就是经济基础。

李敖说，他能挺直腰杆，跟他薄有财富，可以不求人、不看老板脸色有绝对关系。像法国著名的文学家伏尔泰一样，他是有钱支撑的文人，早就脱离了"一钱难倒英雄汉"的窘境。他认为，金钱是一种力量，是竞争的力量，可以保护我们的自由。"你没有金钱时，就没有支撑点。"李敖说，"我很务实地告诉你，得自己腰包里揣一点儿钱，才能够谈一切，否则的话，一切都落空。"

李敖说，年轻人需要很努力才能够出人头地，因为竞争相当激烈。他认为，年轻人首先要有钱、要自立，才能够人格独立。

正是因为有了经济上的独立，李敖才可以为公共事业贡献力量，继而赢得别人的尊重。经济不能独立的年轻人，就好像一个饿得太久的人一样，眼睛里只有食物，除了钱什么也顾不上。经济困难会把一个人的体力、人格、气魄、志向、精神、尊严等消磨得一干二净。

一个已经成年，却还要靠父母养活的人，当然没有办法对父母表现自己的意愿。如果你继续接受父母的经济援助和情感依赖，虽然他们心甘情愿，但这不再是父母有义务给你的了。而对于子女来说，回报父母，这时候便变成了一种义务。不仅如此，在经济不独立的情况下，父母会觉得理应拥有对你生活的掌控权，你应该照他们说的做。

毕业一年多的小王，一直没找到满意的工作，之前有一份工作，但由于工作地点太远，他辞掉了，因此现在只能在家待着。

和以前的同学打电话，他经常这样抱怨。

"后悔啊，后悔！为什么当初要把好不容易找到的工作给辞掉呢，虽然地方有点远，但是能赚一点儿是一点儿，总比天天在家里，连自由都没有强吧！"

他对别人讲自己的经历，总带着太多的无奈，由于不想夏天整整两个月都待在家里，想出去旅游。于是他和妈妈商量，可不可以出去走走。结果得到的回复是："夏天就适合在家里待着，出去干什么？"小王的妈妈是个喜欢待在家里，哪儿都不出去的人。可是小王不喜欢，于是他说："那是你，我不想在家里憋着。""好啊，那你自己出去吧，没人不同意。""可我没钱。""这是你自己的事情。"结果很明显，不欢而散，而小王只能在家待一个夏天了。

如果经济能够独立，小王就可以理直气壮地跟父母说：我要按自己的意愿生活。这样一来，即使父母反对，你也可以靠自己的能力去做自己喜欢的事。

独立人格是从经济独立开始的，虽然经济独立并不一定能够带来人格上的独立，但经济独立是人格独立的基础。早在1923年鲁迅就指出，钱是要紧的。正是因为有大学教授的固定薪水，他才能够随心所欲地写自己想要的东西，才能够挺直腰杆，不屈从于权贵。

年轻人一定要在经济上独立，不能依赖父母或者其他人，这样才会赢得别人的尊重，才可以理直气壮地选择自己的生活。在这种自由和尊重下，你会有被认可的感觉。而只有这样，你才有考虑自己的事业、人际关系的精力和可能，从而使自己更上一层楼。

第七章
找准目标，选择最适合自己的人生

　　人生就像是一次探险，在征途中，我们会遇到一个个美丽的诱惑，而这时我们不能惊慌，不能迷惑，更不能贪婪，唯有在心头点燃一根火柴，点亮人生的希望。我们要对自己的人生进行设计与规划，确定人生方向和目标，然后朝着这个目标义无反顾地走下去，直至找到属于自己的那方乐土。

找准人生的坐标

一个人怎样给自己定位，将决定他一生成就的大小。志在顶峰的人不会落在平地，甘心做奴隶的人永远也不会成为主人。

一位智者说，即使是最弱小的生命，一旦把全部精力集中到一个目标上也会有所成就。而最强大的生命如果把精力分散开来，最终也会一事无成。

你可以长时间努力工作，而且你创意十足、聪明睿智、才华横溢，甚至好运连连——可是，如果你无法在创造过程中给自己正确定位，不知道自己的方向是什么，一切都徒劳无功。

所以说，你给自己定位什么，你就是什么，定位能改变人生。

一个人站在路旁卖橘子，一名商人路过，向这个人面前的纸盒里投入几枚硬币后，就匆匆忙忙地赶路了。

过了一会儿，商人回来取橘子，说："对不起，我忘了拿橘子，因为你我毕竟都是商人。"

几年后，这位商人参加一次高级酒会，一位衣冠楚楚的先生向他敬酒致谢，并告知说他就是当初卖橘子的那个人。而他生活的改变，完全得益于商人的那句话：你我都是商人。

这个故事告诉我们：你定位于乞丐，你就是乞丐；当你定位于商人，你就是商人。

定位决定人生，定位改变人生。

　　汽车大王福特从小就在头脑中构想能够在路上行走的机器，用来代替牲口和人力，而全家人都要他在农场做助手，但福特坚信自己可以成为一名机械师。于是他用一年的时间完成了别人要三年才能完成的机械师培训，随后他花两年多时间研究蒸汽原理，试图实现他的梦想，但没有成功。随后他又投入到汽油机研究上来，每天都梦想制造一辆汽车。他的创意被发明家爱迪生所赏识，邀请他到底特律公司担任工程师。经过十年努力，他成功地制造了第一部汽车引擎。福特的成功，完全归功于他的正确定位和不懈努力。

　　迈克尔在从商以前，是一家酒店的服务生，替客人搬行李、擦车。有一天，一辆豪华的劳斯莱斯轿车停在酒店门口，车主吩咐道："把车洗洗。"迈克尔那时刚刚中学毕业，从未见过这么漂亮的车子，不免有几分惊喜。他边洗边欣赏这辆车，擦完后，忍不住拉开车门，想坐上去享受一番。这时，正巧领班走了出来，"你在干什么？"领班训斥道，"你不知道自己的身份和地位吗？你这种人一辈子也不配坐劳斯莱斯！"

　　受辱的迈克尔从此发誓："这一辈子我不但要坐上劳斯莱斯，还要拥有自己的劳斯莱斯！"这成了他人生的奋斗目标。许多年以后，当他事业有成时，果然买了一辆劳斯莱斯轿车。如果迈克尔也像领班一样认定自己的命运，那么，也许今天他还在替人擦车、搬行李，最多做一个领班。目标对一个人一生是何等重要啊！

　　在现实中，总有这样一些人：他们或因受宿命论的影响，凡事听天由命；或因性格懦弱，习惯依赖他人；或因责任心太差，不敢承担责任；或因惰性太强，好逸恶劳；或因缺乏理想，混日为生……总之，他们给自己定位很低，遇事逃避，不敢为人之先，不敢转变思路，而被一种消极心态所支配，甚至走向极端。

成功的含义对每个人都可能不同，但无论你怎样看待成功，你必须有自己的定位。我们的人生需要规划，成功的道路需要设计，在我们实现自己人生规划的同时，请一定给我们的人生一个定位，因为它决定了我们是否能实现我们的目标。

选好人生路

漫漫人生路，但并不是每条都适合你走，你一旦选择错了，也许你一生都难以过得顺畅。

两个乡下人，外出打工。一个去深圳，一个去北京。在候车厅等车时，听到议论说：深圳人精明，外地人问路都收费；北京人质朴，见吃不上饭的人，不仅给馒头，还送旧衣服。

去深圳的人想，还是北京好，挣不到钱也饿不死，幸亏车还没开，不然真掉进了火坑。

去北京的人想，还是深圳好，给人带路都能挣钱，还有什么不能挣钱的？我幸亏还没上车，不然真失去一次致富的机会。

他们在退票处相遇了而且相互交换了车票。于是，原来要去北京的得到了深圳的票，去深圳的得到了去北京的票。

去北京的人发现，北京果然好。他初到北京的一个月，什么都没干，竟然没有饿着。不仅银行大厅里的矿泉水可以白喝，而且大商场里欢迎品尝的点心也可以白吃。

去深圳的人发现，深圳果然是一个可以发财的城市。干什么都可以赚钱，带路可以赚钱，开厕所可以赚钱，弄盆凉水让人洗脸可以赚钱，只要想点办法，再花点力气就可以赚钱。凭着乡下人对泥土的感情和认识，他不久就在郊区的农田里装了十包含有沙子和树叶的土，以"营养土"的名义，向不见泥土而又爱花的深圳人兜售。当天他在城郊间往返5次，净赚了100元钱。一年后，他竟然在深圳拥有了一间小小的门面。在长年的走街串巷中，他又有了一个新的发现：一些商店楼面亮丽而招牌较黑，一打听才知道是清洗公司只负责洗楼不负责洗招牌。他立即抓住这一空档，买了些人字梯、水桶和抹布，办起了一个小型清洗公司，专门负责擦洗招牌。如今他的公司已有150多个职员，业务也由深圳一隅发展到沿海省份十几个城市。

他坐火车去北京考察清洗市场，在北京站，一个捡破烂的人把头伸进软卧车厢，向他要一只可乐易拉罐。此时两人都愣住了，因为就在几年前，他们曾换过一次票。

虽然说选择能决定命运，但真正决定人命运的还是自己的心态和努力。以上两人同样都选择大城市发展，一个人靠自己的努力闯出了一片天下，另一个人却沦落到拾破烂为生。不得不说是不同的心态导致得选择了不同的人生道路。

确定方向后就勇往直前

如果你确定自己是正确的，就要勇往直前走下去，而不要犹豫不决，也不要太在意别人的看法。

约翰·莱特福特不但是个博士，而且当过英国剑桥大学副校长。在达尔文出版《物种起源》这部名著前夕，他郑重指出："天与地，在公元前4000年10月23日上午9点诞生。"

狄奥尼西斯·拉多纳博士生于 1793 年，曾任伦敦大学天文学教授。他的高见是："在铁轨上高速旅行根本不可能，乘客将不能呼吸，甚至将窒息而死。"

1786 年，莫扎特的歌剧《费加罗的婚礼》初演，落幕后，拿波里国王费迪南德四世坦率地发表了感想："莫扎特，你这个作品太吵了，音符用得太多了。"

国王不懂音乐，我们可以不苛责，但是美国波士顿的音乐评论家菲力普·海尔，于 1873 年表示："贝多芬的《第七交响乐》，要是不设法删减，早晚会被淘汰。"

乐评家也不懂音乐，但是音乐家自己就懂音乐吗？柴可夫斯基在他 1886 年 10 月 9 日的日记里说："我演奏了勃拉姆斯的作品，这家伙毫无天分，眼看这样平凡的自大狂被人尊为天才，真让我忍无可忍。"

有趣的是，乐评家亚历山大·鲁布，1881 年就事先替勃拉姆斯报了仇。他在杂志上撰文表录"柴可夫斯基一定和贝多芬一样聋了，他运气真好，可以不必听自己的作品"。

1962 年，还未成名的披头士合唱团，向英国威克唱片公司毛遂自荐，但是被拒绝。公司负责人的看法是："我不喜欢这群人的音乐，吉他合奏太落伍了。"

你听说过艾伦斯特·马哈吗？他曾任维也纳大学物理学教授。他说："我不承认爱因斯坦的相对论，正如我不承认原子的存在。"

爱因斯坦对此批评并不在意，因为早在他 10 岁于慕尼黑念小学的时候，任课老师就对他说："你以后不会有出息。"

严格说来，遭人反对、小看不是坏事，这可以提醒我们争取进步。可是，人身攻击就令人难以忍受了。

法国小说家莫泊桑，曾被人批评："这个作家的愚蠢，在他眼睛里表露无遗。那双眼珠，有一半陷入上眼皮，如在看天，又像狗在小便。他注视你时，你会为了那愚蠢与无知，打他一百记耳光仍觉吃亏。"

就算西方文学的宗师莎士比亚，也曾被人恶意攻击。以日记文学闻名的法国作家雷纳尔，1896 年在日记中说："第一，我未必了解莎士比亚；第二，我未必喜欢莎士比亚；第三，莎士比亚总是令我厌烦。"1906 年，他又在日记中说："只有讨厌完美的老人，才会喜欢莎士比亚。"

这位雷纳尔先生爱说俏皮话，他在 1906 年的日记中说："你问我对尼采有何看法，我认为他的名字里赘字太多。"连名字都有毛病，文章如何自不待言。

英国作家王尔德也以似通不通的修辞技巧，批评萧伯纳说："他没有敌人，但是他的朋友都深深地恨他。"

思想家卢梭 54 岁那年，即 1766 年，被人讽刺为："卢梭有一点像哲学家，正如猴子有点像人类。"

这些被批评和讥讽的人士的作品后来都被证明是多么的伟大。如果他们当时被批评和嘲笑所打倒，那么世界艺术长河中将失去许多璀璨的明珠。他们没有受别人的影响，因为他们坚信自己、坚信自己的成就，并且勇往直前地做了下去。

戴维·克罗克特有一句很简单的座右铭：确定你是对的，然后勇往直前。

每一个人，无论是小人物还是大人物，总有遭人批评的时候。事实上，越成功的人，受到的批评就越多。只有那些什么都不做的人，才能免遭别人的批评。真正的勇气就是秉持自己的信念，而不受别人的支配。

选定最适合自己的舞台

人生有各种各样的舞台，但最能展现你才华的舞台却只有一个。只有准确地选择了这个舞台，你的才华才能得到施展，你才能实现自己的人生梦想。

伟大的抽象派画家毕加索说："准确地选择，你的才华就会得到更好的发挥。"

世界三大男高音之一的歌唱家帕瓦罗蒂，就是因正确的人生选择而充分地向人们展示了他歌唱方面的才华。

帕瓦罗蒂 1935 年出生在意大利的一个面包师家庭。他的父亲是个歌剧爱好者，他常把卡鲁索、吉利、佩尔蒂莱的唱片带回家来听，耳濡目染，帕瓦罗蒂也喜欢上了唱歌。

小时候的帕瓦罗蒂就显示出了唱歌的天赋。

长大后的帕瓦罗蒂依然喜欢唱歌，但是他更喜欢孩子，并希望成为一名教师。于是，他考上了一所师范学校。在学习期间，一位名叫阿利戈·波拉的专业歌手收帕瓦罗蒂为学生。

临近毕业的时候，帕瓦罗蒂问父亲："我应该怎么选择？是当教师，还是成为一名歌唱家呢？"他的父亲这样回答："帕瓦罗蒂，如果你想同时坐两把椅子，你只会掉到两把椅子之间的地上。在生活中，你应该选定一把椅子。准确地说，你只能选定一个能够发挥你才华的舞台。"

听了父亲的话，帕瓦罗蒂选择了教师这个职业。不幸的是，初执教鞭的帕瓦罗蒂缺乏经验，没有权威。学生们就利用这点捣乱，最终他只好离开了学校。于是，帕瓦罗蒂又选择了另一个舞台——唱歌。

17岁时，帕瓦罗蒂的父亲介绍他到"罗西尼"合唱团，他开始随合唱团在各地举行音乐会。他经常在免费音乐会上演唱，希望能引起某个经纪人的注意。

可是，近七年的时间过去了，他还是个无名小辈。眼看着周围的朋友们都找到了适合自己的位置，也都结了婚，而自己还没有养家糊口的能力，帕瓦罗蒂苦恼极了。偏偏在这个时候，他的声带上长了个小结。在菲拉拉举行的一场音乐会上，他就好像脖子被掐住的男中音，被满场的倒彩声轰下台。

失败让他产生了放弃的念头。

冷静下来的帕瓦罗蒂想起了父亲的话，于是他坚持了下来。几个月后，帕瓦罗蒂在一场歌剧比赛中被选中于1961年4月29日在雷焦埃米利亚市剧院演唱著名歌剧《波希米亚人》，这是帕瓦罗蒂首次演唱歌剧。演出结束后，帕瓦罗蒂赢得了观众雷鸣般的掌声。

第二年，帕瓦罗蒂应邀去澳大利亚演出及录制唱片。1967年，他被著名指挥大师卡拉扬挑选为威尔第《安魂曲》的男高音独唱者。

从此，帕瓦罗蒂的声名日高，成为国际歌剧舞台上的最佳男高音。

成功在于在不断的选择中选对了自己施展才华的方向，一个人如何去体现他的才华，就在于选对人生奋斗的方向，在适合自己的舞台上施展抱负。

适合的才是最好的

有两只老虎，一只在笼子里，一只在野地里。

在笼子里的老虎三餐无忧，在野外的老虎自由自在。两只老虎经常进行交谈。

笼子里的老虎总是羡慕外面老虎的自由，外面的老虎却羡慕笼子里的老虎安逸。一天，一只老虎对另一只老虎说："咱们换一换。"另一只老虎同意了。

于是，笼子里的老虎走进了大自然，野地里的老虎走进了笼子。从笼子里走出来的老虎高高兴兴，在旷野里拼命地奔跑；走进笼子的老虎也十分快乐，他再也不用为食物而发愁了。

但不久，两只老虎都死了。

一只因饥饿而死，一只因忧郁而死。从笼子中走出的老虎获得了自由，却没有捕食的本领；走进笼子的老虎获得了安逸，却没有在狭小空间生活的心境。

适合的才是最好的。

许多时候，人们往往对自己的幸福熟视无睹，而觉得别人的幸福很耀眼。别人的幸福也许对自己并不适合；甚至，别人的幸福也许正是自己的坟墓。

这个世界多姿多彩，每个人都有属于自己的位置，有自己的生活方式，有自己的幸福，何必去羡慕别人？安心享受自己的生活，享受自己的幸福，才是快乐之道。

你不可能什么都得到，你也不可能什么都适合做，所以，你要学会放弃，放弃不切实际的想法，放弃愚蠢的行动。只有学会放弃，学会知足，才能更好地把握快乐、享受幸福。

选择自己的生活

《伊索寓言》中有一个关于乡下老鼠和城市老鼠的故事：城市老鼠和乡下老鼠是好朋友。有一天，乡下老鼠写了一封信给城市老鼠，信上这么写的："城市老鼠兄，有空请到我家来玩，在这里，可享受乡间的美景和新鲜的空气，过着悠闲的生活，不知意下如何？"

城市老鼠接到信后，高兴得不得了，立刻动身前往乡下。到那里后，乡下老鼠拿出很多大麦和小麦，放在城市老鼠面前。城市老鼠不以为然地说："你怎么能够老是过这种清贫的生活呢？住在这里，除了不缺食物，什么也没有，多么乏味呀！还是到我家去玩吧，我会好好招待你的。"

乡下老鼠于是就跟着城市老鼠进城去了。

乡下老鼠看到豪华、干净的房子，非常羡慕。想到自己在乡下从早到晚，都在农田上奔跑，以大麦和小麦为食物，冬天还得在那寒冷的雪地上搜集粮食，夏天更是累得满身大汗，和城市老鼠比起来，自己实在太不幸了。

聊了一会儿，他们就爬到餐桌上开始享受美味的食物。突然，"砰"的一声，门开了，有人走了进来。他们吓了一跳，飞也似的躲进墙角的洞里。

乡下老鼠吓得忘了饥饿，想了一会儿，戴起帽子，对城市老鼠说："还是乡下平静的生活比较适合我。这里虽然有豪华的房子和美味的食物，但每天都紧张兮兮的，倒不如回乡下吃麦子来得快活。"说罢，乡下老鼠就离开都市回乡下去了。

这则寓言告诉我们不同个性、习惯的人有不同的生活。

很多人总是会情不自禁地羡慕别人的生活，以为那就是最快乐的。其实，不切实际地改变自己，不但得不到简单和快乐，反而会给自己增添许多大大小小的麻烦和苦恼。适合自己的，才是快乐的生活。

把握自己的幸福

一位少妇回家向母亲倾诉，说自己的婚姻很是糟糕，丈夫既没有很多的钱，也没有好的职业，生活总是单调无味。母亲笑着问：你们在一起的时间多吗？女儿说，太多了。母亲说：当年，你父亲上战场，我每日期盼的，是他能早日从战场上胜利凯旋，与他整日厮守，可惜——他在一次战斗中牺牲了，再也没有能够回来。我真羡慕你们能够朝夕相处。母亲沧桑的老泪一滴滴掉下来，渐渐地，女儿仿佛明白了什么。

一群男青年在餐桌上谈起自己的老婆，都说被管束得太严，几乎失去了自由，边说边显露大丈夫的凛然正气，狂饮如牛，扬言回家要和老婆怎么斗争。邻桌的一位老叟默默地听了，起身问道：你们的夫人都是本分人吗？男青年们点头。老叟叹了一口气，说："我爱人当年对我也是管得太死，我愤然离婚，以至于她后来抑郁而终。如果有机会，我多希望能当面向她道一次歉，请求她时时刻刻地看管着我。小伙子，好好珍惜缘分啊！"男青年们望着神色黯然的老叟，沉默不语，若有所悟。

一位盲人，在剧院欣赏一场音乐会，交响乐时而凝重低缓，时而明快热烈，时而浓云蔽日，时而云开雾散。盲人惊喜地拉着身边的人说：我看见了，看见了山川，看见了花草，看见了光明的世界和七彩的人生……

一位病人，医生郑重地告诉他，手术很成功，化验结果出来了，从他腹腔内摘除的肿瘤只是一般的良性肿瘤，经过一段时间的疗养便可康复出院，并不危及生命。他顿时满面春风，双目有神，紧紧地握着医生的手，激动地说："谢谢，谢谢，是你给了我第二次生命……"

幸福在哪里？带着这样的问题，芸芸众生，茫茫人海，我们在努力寻找答案。其实，幸福是一个多元化的命题，我们在追求幸福，幸福也时刻地伴随着我们。只不过很多时候，我们身处幸福的山中，在远近高低的角度看到的总是别人的幸福风景，却不曾悉心去感受自己所拥有的幸福天地。

第八章
努力寻找，机遇就在前面等着你

　　机遇是靠自己争取、创造来的，别人给不了，也等不来。有时机遇看似遥远，其实它就在身边，只要努力，用心去寻找，就会发现机遇就在前面拐角处静静地等着与你相会。但是如果你放弃努力了，放弃寻找了，就会失去原本属于你的机会。机遇只垂青那些懂得怎样追求它的人。

主动去寻找和发现机遇

正如培根所说，许多时候，机遇不是主动上门的，而是需要人们主动地去寻找和发现。有时机遇的出现具有一定的社会性和历史性，例如，我国改革开放后，全国各大中城市造型别致的高楼大厦一座接一座拔地而起，我国迅速进入了一个崭新的知识经济时代。多数人都把日新月异的变化看作智慧和财力的结晶，由衷地赞叹。还有一些人希望能在这场翻天覆地的变化中寻找到自身发展的商机。

以往的高层楼房的供水大都是采用建水塔或在楼顶建水箱，然后再用巨大的水泵提水的办法加以解决。由于水泵扬程有限，太高的楼房送水需要分级提水，不仅投资大，耗能多，而且水质也易受污染，因此有一定的弊端。当时，国外也是采用这种传统的办法给高楼供水的。

有一个人从中看到了一个潜力巨大的市场，这个人叫石山麟，是国内一所大学的讲师。在瞄准这个市场后，他果断地辞去了大学讲师的职务，单枪匹马下到街道，开始了"给水革命"的探索。

为了攻克技术难关，他召集了一批工程技术人员，并带领他们夜以继日地研究相关的材料、技术、设备，最终成功研制出一套成熟的、经得起市场考验的全自动气压给水设备。这套给水设备体积小，使用简单，更为重要的是效率很高，可以安置在一楼或地下室，一次就能把水送往 50 层高楼，比建水塔或楼顶水箱节省投资 50% 到 80%，而且水质不受污染。

很快，新华社新闻大厦、中央电视台等驰名中外的建筑物，都改用或一开始就采用了石山麟的给水设备，而且反映良好，石山麟取得了空前的成功。

需要决定市场，石山麟的成功就是顺应时代需要的结果。如果没有市场需求，无论设计出来的东西多高端、多精美，也不会有人问津的。相反，如果顺应时代需要设计人们需要的东西，人们就会乐意购买你的东西，这样，机遇自然也就会青睐你。

恩格斯说过："社会一旦有技术上的需要，则这种需要就会比 10 所大学更能把科学推向前进。"人类的发展史证明了这个论断。

社会、时代的需要，就会催生发明创造。任何人都不能主观地选择社会、选择时代，只能在一定的条件下，去认识社会、时代，进而加以改造和利用。

从这个意义上讲，你顺应社会、时代需要，社会、时代也就宠爱你。

陈章良就是这样一个顺应时需、看准了就干的人。陈章良是美国华盛顿大学生物系植物分子生物学及基因专业博士研究生，曾任北京大学生物系主任、北京大学生命科学学院院长。

1993 年，陈章良出任北京大学生命科学学院院长，他瞄准社会、时代的需要，构想如何把生命科学的研究推上新台阶，并让新成果以最快的速度进入经济领域。在这个想法的驱使下，他开始分步实施"北大中国生物城"计划，最终取得了一系列在国际领先的研究成果，为学院、为国家赢得了荣誉。

作为国家蛋白质工程及植物基因工程重点实验室的负责人，他主导和承担的多项科技攻关已伸展到世界生物技术的前沿。站在生物科学前沿的陈章良深深懂得技术产业化对中国的意义，他深感"技术如果没有开发，躺在实验室里就永远是技术"，因此，他把开创中国的生物工程产业作为他这一代生物学者的天职。

在顺应时代需要方面，陈章良曾这样说道：

"如今的科学家已不是人们观念中的那种样子了。现代科学是一种广泛交流的科学，特别是搞实验科学尤其需要有将帅之才的科学家，绝不是只躲进小楼，不问天下。不做研究以外的事，几乎就谈不上事业的发展，甚至连实验都可能保不住。"

陈章良是这样说的，也是这样做的，他把自己一天的时间分成了几部分：1/3 的时间在实验室做研究；1/3 的时间用于北大生命科学学院的创建和管理；1/3 的时间用来筹建北大中国生物城。还有不超 6 小时的睡眠。

正如他自己所言，他正是紧盯时代发展的步伐才找到了适合自己发展的专业领域，让自己大展身手的。

显然，与时俱进、主动捕捉发展机会不仅仅具有高技术人才的专利，普通人也要具有这样的意识，才能让自己顺应潮流的发展，得到机遇的青睐。

要善于把握机遇

对于成功，人们疑问最多的是：我有成功的目标和欲望，但机会从哪里来？

许多成功学家告诉我们，机遇总是来去匆匆，从不为任何人稍作停留。但这并不是说机遇可遇而不可求，恰恰相反，很多机遇可遇亦可求。所谓可求，就是说每个人都可以为自己制造机遇，机遇也常常会与你不期而遇。而你需要做的事情只有一件：行动起来，时刻准备好。

《大话西游》中有句话说得特别有意思："曾经有一份真挚的爱情摆在我的面前，我没有珍惜，等我失去的时候，我才后悔莫及……"爱情需要机遇，人生也需要机遇，要想成就一番事业，让生命辉煌，更要善于把握机遇。生活中有太多的人抱怨自己运气不好，总是没有机会。其实他们的生活中并不是没有出现机遇，而是当机遇出现时，他们没有好好把握。

美国百货业巨子约翰·甘布士在谈到成功的经验时说："不要放弃任何一个哪怕只有万分之一的成功机会。"在追求事业的征程中，稍有疏忽，就有可能与机遇失之交臂。

古语说得好："机会老人先给你送上他的头发，如果你一下没有抓住，再抓就会撞到他的秃头了。"不失时机、准确地把握机遇，对步入成功之路的你来说至关重要。

有个人一天晚上碰到了上帝。上帝告诉他，有大事将要发生在他身上。他有机会得到很多的财富，成为一个了不起的大人物，并在社会上获得卓越的地位，而且会娶到一位漂亮的妻子。

这个人终其一生都在等待这个承诺的实现，可是到头来什么事也没发生。他穷困潦倒地度过了一生，最后孤独地死去。当他上了天堂，看到上帝时，他很气愤地对上帝说："你说过要给我财富、很高的社会地位和漂亮的妻子，可我等了一辈子，却什么也没有，你故意欺骗我！"

上帝回答他："我没说过那种话，我只承诺过要给你机会得到财富、一个受人尊重的社会地位和一位漂亮的妻子，可是你却让这些机会从你身边溜走了。"

这个人迷惑了，他说："我不明白你的意思。"

上帝回答道："你是否记得，你曾经有一次想到了一个很好的商业创意，可是你没有行动，因为你怕失败而不敢去尝试？"

这个人点点头。

上帝继续说："因为你没有去行动，这个创意几年后给了另外一个人，那个人马上就去做了。还有一次，城里发生了大地震，大半的房子都毁了，好几千人被困在倒塌的房子里，你有机会去帮忙救援那些存活的人，可是你害怕小偷会趁你不在家的时候，到你家里去打劫、偷东西而未去。"

这个人不好意思地点点头。

上帝说："那是你去拯救几千个人的好机会，而那个机会可以使你在社会上得到莫大的尊敬和荣耀！"

上帝继续说："有一次你遇到一个金发碧眼的漂亮女子，当时你就被她强烈地吸引住了，你从来不曾这么喜欢过一个女人，之后也没有再碰到过像她这么好的女人了。可是你认为她不可能会喜欢你，更不可能答应跟你结婚，因为你害怕被拒绝，所以只能眼睁睁地看着她从身旁走了。"

这个人又点点头，流下了眼泪。

上帝最后说："我的朋友啊！就是她！她本来应是你的妻子，你们会有好几个漂亮的小孩，而且跟她在一起，你的人生将会有许许多多的乐趣。"这个人无言以对，懊恼不已。

其实，我们每个人身边都有很多机会，可是我们却经常像故事里的那个人一样，总是因为种种顾虑而停止了脚步，使得机会悄悄地溜走了。

机遇是留给有准备的人的！它像一个美丽而古怪的天使，骤然降临在你身边，如果你稍不注意，它又会翩然而去，不管你怎样扼腕叹息。

生活中，时机的把握甚至完全可以决定你是否有所建树。所以，你应时刻准备好，迎接机遇的到来，哪怕这个机会只有万分之一。

笛卡儿患病期间躺在床上休息，无意中看到天花板上的蜘蛛网，于是琢磨其中的奥妙，创立了新的数学分支解析几何。伽利略看着被微风吹拂而轻轻摇摆的吊灯，发现了灯摆动的定时定律，并由此制成了钟表。在这些看似偶然的机缘背后，是科学家们坚实的知识基础、锲而不舍的探索精神，当然还有他们善思的习惯和敏锐的观察力。

如果说摇摆的吊灯、蜘蛛网中藏着机遇或机缘，那其他研究科学的人为什么会熟视无睹、发现不了呢？也许迟钝就是主要原因，而之所以迟钝，则与知识功底不扎实、缺乏敏捷的科学思维以及不能专心致力于自己的事业有关。而所有这些知识、思维能力和专心，都离不开一个人长期的锻炼和磨砺。有一句格言说得好："幸运之神会光顾世界上的每一个人，但如果她发现这个人并没有准备好迎接她，她就会从大门里走进来，然后从窗子飞出去。"

偶然的机会只对勤奋工作的人有意义。

流传甚广的奥尔·布尔的一件逸事能够更好地说明这个道理。

这位杰出的小提琴家，多年以来一直坚持不懈地练习拉琴。通过不断练习，他的技艺已经很高超了，但是他仍旧默默无闻，不为大众所知。

有一次，当这个来自挪威的年轻乐手正在演奏的时候，著名女歌手玛丽·布朗恰巧从窗外经过，奥尔·布尔的演奏使她如醉如痴，她从来没有想到小提琴能够演奏出如此优美动人的音乐，她赶紧询问了这个不知名乐手的姓名。随后不久，在一次影响力极大的演出中，由于她突然与剧场经理发生了分歧，不得不临时取消了自己的节目。在决定安排什么人到前台去救场时，她想到了奥尔·布尔。面对聚集起来的大批观众，奥尔·布尔演奏了一个多小时，就是这一个多小时，使奥尔·布尔登上了世界音乐殿堂的巅峰。对于奥尔·布尔而言，那一个小时便是机遇，只不过，他早已为此做好了准备。

所以，成功的秘密在于，当机遇来临的时候，你已经做好了把握住它的准备。对于懒惰者来说，再好的机遇也是一文不值；对于没有做好准备的人来说，只能眼睁睁看着机遇溜走。

没有成功会自动送上门来，也没有幸福会自动降临到一个人身上。这个世界上所有美好的东西都需要我们主动去争取。婚姻如此，财富如此，快乐如此，健康如此，友谊如此，学习如此，机会如此，工作如此。

记住，除了你自己，没有人可以阻止你成功。当你主动的时候，一切将变得容易，世界将变得和谐，人生自然会变得美好。

遇到机会就主动去争取

对同一问题的判断可能会有不同的方式，正所谓殊途同归，比如，一台机器出现了故障，工程师能够凭借机械运动理论找出故障的位置，而一位资深的老技工通过仔细听机器运行的声音同样可以正确判断出机器出毛病的位置，这说明，做成事的途径不止一种，同样，成功的路径也往往不止一种。

佛瑞迪是个很懂事的孩子，在暑假来临的时候，他对父亲说："我不要整个夏天都向你伸手要钱，我要找个工作。"父亲想了想答应了。

于是，佛瑞迪开始从广告栏中寻找招工的启示，最后，他找到了一个很适合自己做的工作。广告上说找工作的人要在第二天早上8点钟到达42街的一个地方。佛瑞迪到时已经有20个求职者排在前面，他是第21位。

怎样才能引起考官的特别注意而赢得职位呢？佛瑞迪说，只有一件事可做，那就是动脑筋思索。最终佛瑞迪想出了一个办法。他拿出一张纸，在上面写了一些东西，然后折得整整齐齐，走向秘书小姐，恭敬地对她说："小姐，请马上把这张纸条交给你的老板，这非常重要！"

秘书小姐觉得这个小伙子身上散发着一种气质，她把纸条收下了，并立刻站起来转身走进老板的办公室，把纸条放在老板的桌上。老板看了纸条，紧锁的眉头放开了，他大声笑了起来，因为纸条上写着："先生，我排在队伍的第21位，在您看到我之前，请不要做出决定。"

结局怎样呢？结局是：佛瑞迪如愿以偿地得到了那份工作。

很多事情，由于某些原因，我们的胜算并不大，这时就要想办法争取机会，怎样争取？一是要有勇气，二是要有技巧。

应该说，主动出击去争取总会争取到一定的先机，美国历史上最年轻的总统肯尼迪，当年决定竞选总统的时候，很多人劝他："你还太年轻，不如去竞选副总统稳当些。"

肯尼迪经过思考，最后毅然决定主动出击，竞选总统。在竞选过程中，他稳扎稳打，发挥了自己的优势，利用电视媒体充分地向民众展现了自己的魅力，最后，他如愿以偿地成为了美国总统。

在恰当的时候，主动出击，去迎接对手的挑战，是正确的做法。很多杰出的人，他们的成功就来自于自身的果断、雷厉风行的魄力，虽然也有犯错误的时候，但他们能抓住较多的机会，取得的成就因此也更大。

当初，比尔·盖茨决定放弃学业专心开发电脑软件时，曾力劝他的同学科莱特和他一起退学，并向他阐明这是向创业主动出击的时刻。

不过科莱特拒绝了，因为他好不容易来到哈佛大学求学，怎么可以轻易退学？更何况那种系统的研发才刚起步而已。所以，他认为要开发财务软件，必须学完大学的全部课程才行。他觉得在大学里也能等到更多机遇。

10年后，科莱特终于成为哈佛大学一个高材生，而退学的比尔·盖茨，在这一年挤进了美国亿万富翁的行列。当科莱特拿到博士学位之时，那位曾经同窗的青年则已经晋升到了美国第二大富豪。

在1995年，科莱特终于认为自己已经具备足够的学识，可以研发财务软件时，比尔·盖茨已经绕过原有系统，开发出新的财务软件，其速度比之前的系统要快1500倍，而且在两周之内，这个软件便占领了全球市场。这一年，比尔·盖茨成为世界首富。

坐等时机的结果可能失去机会，只有主动出击才能让我们变得主动，因为只有选择进攻才会有改变现状的可能。完美的机会永远不会投怀送抱，更多的时候我们要主动出击为自己创造机会。在主动出击的过程中，会出现很多变量，在这些变量中，我们就能发现一个又一个良机。

任何时候，主动出击都是为自己赢得先机的最佳的方法。主动出击可以让自己变被动为主动；主动出击可以让自己取得更大的成功，因此，一定要学会在机会没到来之前，勇敢、主动、智慧地出击。

适合自己的才是机遇

显而易见，同样的机会不一定适合所有人，有的机会适合张三，适合李四，唯独不适合王五。如果王五不服气，一定要抓这个机会，那么对他来讲，这个机会可能是祸而不是福，所以说，选择职业目标时，一定要定好自己的位置。只有适合自己情况的机遇才是真正的机遇，反之则不是。

在社会的喧嚣中，在别人的影响下，许多人迷失了自我，看不清自己真正的位置，总是按照别人的看法、受别人的影响去设计自己的人生，让自己"生活在别处"。显然，这样的出发点是不对的。

一般人总是认为，投身于时下最为热门的行业，总不会错，或者是跟着别人走也不会错，但等他们花尽毕生的力气追求之后，才恍然大悟，原来自己真正应该做的事情没有做，自己所追求的很多热门行业根本不适合自己，或者根本就没有意义。

在美国的一个小酒吧里，一位年轻小伙子正在用心地弹奏钢琴。说实话，他弹得相当不错，每天晚上都有不少人慕名而来，认真倾听他的弹奏。一天晚上，一位中年顾客听了几首曲子后，对那个小伙子说："我每天来听你弹奏，那些曲子我熟悉得简直不能忍受了，你不如唱首歌给我们听吧。"

这位顾客的提议获得了不少人的赞同，大家纷纷要求小伙子唱歌。然而，那个小伙子面对大家的请求却变得腼腆起来，他抱歉地对大家说："非常对不起，我从小就开始学习弹奏乐器，从来没有学过唱歌，恐怕会唱得很难听。"那位中年顾客却鼓励他说："小伙子，正因为你从没唱过歌，或许连你自己都不知道你是个歌唱天才呢！"此时酒吧的经理也出来鼓励他。

小伙子认为大家想看他出丑，于是坚持说只会弹琴，不会唱歌。酒吧老板说："你要么选择唱歌，要么另谋出路。"小伙子被逼无奈，只好红着脸唱了一曲《蒙娜丽莎》。哪知道他不唱则已，一唱惊人，大家都被他那流畅自然、韵味十足的唱腔迷住了。

在大家的鼓励下，那个小伙子放弃了弹奏乐器的艺人生涯，开始向流行歌坛进军。这个小伙子后来成为了美国著名的爵士歌王，他就是著名的歌手纳京高。要不是那次被逼无奈地开口一唱，纳京高可能一直坐在酒吧里做一个二流的演奏者。

东西放错了位置就成为废物，而人才放错了位置则变成庸才，其实有很多人旅途是要南下的，但是见车来了也不问是去哪里的就上去了，这样就可能被带到了别处。可见，机会不是跟谁都合适的。

所以，一个人要寻找机遇，首先要做好准备，其次还要对机遇进行鉴定和分析，不要认为机会来了先抓住再说，那样做很可能是不但误了自己还耽误了别人，因此要保证机遇是适合自己的，然后再努力去争取。

通常可通过如下几个方法来实现对机遇的鉴定。

第一是对机遇进行分析，包括对它适应的行业、专业、性别、年龄、前途年限等的考察。

第二是看它对入行的人的素质要求是什么。如果自己不具备机会所要求的素质，就要果断地放弃这个机会。

第三是要确定通过学习能够适应。有些工作有个积累和培养的过程，如果能确定自己通过学习和培训能够适应新工作，那么可以将之视为挑战自我、提升自我的机遇。反之，则要考虑放弃。

总之，适合才是最好的，不适合，再好的机遇也不是你的"菜"，要果断放弃。只有那些适应自己实际情况的机遇才是你的"菜"，才能"营养"你，也才值得你努力争取。

徘徊观望是成事的大忌

有的机会是有时效性的，正因为它有时效性，所以先抓住它就相当于抓住了成功的先机。所谓时效性，明白地说就是过时不候。比如，在某海岸城市，有一个著名的岛屿景点，岛上风光无限。海岸和岛屿之间相距不远，但却风大浪急，摆渡船只无法通过，游人要上岛去观光，要等到海水落潮时，届时，岸边到岛上会露出一条神奇的通道，游人可边在通道捡美丽的贝壳边上岛，可是，这条通道的露出是有时间的，待到海水涨潮时，它就会被淹没，这就是说，如果要去岛上观光，就要抓住退潮的机会，这就是机会的时效性。

在现代，抓住机遇、获得成功就要注意对时间的把握。一定意义上说，时间意味着能否成功，谁能够最先产生好的主意，并将主意加以实施，谁就能先一步抢占市场，谁的收益就大，利润就高。有时，同样一个机遇既可以属于你，也可以属于他，这就有一个看谁捷足先登的问题了。

要捷足先登，就要靠速度，所谓兵贵神速。有人把机遇比作搭车，这一班车来了，一定要抓紧时间，赶快挤上去。至于下一班车什么时候到，只有天晓得，也许永远等不来了。

有这样一个耳熟能详的寓言故事：

有两个猎人坐在一起等待猎物的再现，一会儿天上飞过来一群大雁，这时本应该是拉弓搭箭的时候，可他们俩却讨论起如果猎到大雁将把它们怎样吃的问题来，他们一个说烤着吃，一个说煮着吃，当他们取得了一致意见时，大雁已经飞得无影无踪了。这也是一个错过机会时效性的例子。

有一天，一位先生宴请美国名作家"赛珍珠"女士，林语堂也在被邀请之列，于是他就请求主人把他的席次排在"赛珍珠"之旁。席间，"赛珍珠"知道座上多是中国作家，就说："各位何不以新作供美国出版界印行？本人愿为介绍。"

座上人当时都以为这只是敷衍说词而已，未予注意，唯独林语堂当场一口答应。回来后，林语堂搜集其发表于中国之英文小品成一巨册，而送之"赛珍珠"，请为斧正。"赛珍珠"因此对林语堂印象甚佳，其后全力助其成功。

据说，当日座上客中尚有吴经熊、温源宁、全增嘏等人，以英文造诣而论，均不在林语堂之下，如果在事后，他们能像林语堂那样认真，把作品送给"赛珍珠"，委托其帮助出版，那么，也极有可能像林语堂那般在美国取得成功。

一个人能否成功，固然要靠才能，要靠努力，但善于把握时机，不因循、不观望、不犹豫，想到就做，有尝试的勇气，有实践的决心，也是非常重要的。多少因素加起来才可以造就一个人的成功。有的人说成功源于一个很偶然的机会，但认真想来，这偶然机会的能被发现，被抓住，而且被充分利用，却又绝不是偶然的。

一位知名哲学家天生有一股特殊的文人气质，可能光顾着研究学问了，人到中年还没娶妻。某天，一个女子慕名前来向他求婚，女子对他说："让我做你的妻子吧！错过我，你将再也找不到比我更爱你的女人了！"哲学家虽然也很中意她，但出于本能回答说："让我考虑考虑！"

事后，哲学家用哲学的观点，将结婚和不结婚的利弊分别列下来，发现好坏均等。于是，他陷入了长期的抉择之中，无论他又找出了什么新的理由，都只是徒增选择的困难。最后，他得出一个结论——答应那女人的请求。

于是，哲学家来到女人的家中，向女人的父亲说道："老人家，我是专门来向你女儿求婚的，这是她事先向我提出的，我今天来是允诺来的。"女人的父亲冷漠地回答："你来晚了，我女儿现在已经是三个孩子的妈妈了！"

哲学家听了此话，后悔不迭，他万万没有想到，向来自以为傲的哲学头脑，最后换来的竟然是一场悔恨。而后，哲学家抑郁成疾，临死前，他将自己所有的著作丢入火堆，只留下一段对人生的批注——如果将人生一分为二，前半段的人生哲学是"不犹豫"，后半段的人生哲学是"不后悔"。

徘徊观望是我们成功做事的大忌。许多人都因为对已经来到面前的机会没有信心，而在犹豫之间把它轻轻放过了。"机会难再"，即使它肯再来，光临你的门前，但假如你仍没有改掉你那徘徊瞻顾的毛病的话，它还是照样要溜走。

假如我们要去赶路，有车搭则搭车，无车搭则走路，总之，你要到达目的地，你就要行动，否则你就无法到达目的地，或者说是因时过境迁，你再到目的地时也无任何意义了。

正所谓"机不可失，时不再来"，有了机会就有了成功的希望，但前提之一是必须要抓住它，它才能为你所用。

做好小事才能做成大事

荀子在《劝学篇》中说："不积跬步，无以至千里；不积小流，无以成江海。"这告诉我们世间一切大事业、大成就都是由无数的小事积累而成的。没有一砖一瓦，不可能盖成摩天大楼；没有一针一线，不可能织成华美锦服；没有一点一滴的小事，也不可能造就伟大的事业和成就。然而，快节奏的现代生活令很多人急功近利，一心只想做大事、赚大钱，对小事不屑一顾，对小钱嗤之以鼻。其实，大多数的企业家和成功人士并不是一开始就做成大事、赚到大钱的，而是从小职员、小伙计做起，一步一个脚印，脚踏实地、日积月累，最终才创造出辉煌成就的。

沃尔玛公司总裁萨姆·沃尔顿的父亲是一名贫穷的油漆工，当初沃尔顿就是靠着微薄的打工收入念完高中的。他有幸被美国著名的耶鲁大学录取，但却因交不起学费，面临辍学的危机。于是，他决定利用假期像父亲一样外出做油漆工，以挣够学费。他到处揽活，终于接到了一栋大房子的油漆任务。尽管主人很挑剔，但给的价钱不低，不但够缴一学期的学费，甚至连生活费也有着落了。

这天，眼看即将完工，他把拆下来的橱门板涂完最后一遍油漆，然后将涂好的一块块橱门板再支起来晾干。这时，门铃响了，他赶紧去开门，不想却被一把扫帚绊倒，绊倒的扫帚又碰倒了一块橱门板，而这块橱门板正好倒在昨天刚粉刷好的雪白的墙面上，墙上立即有了一道清晰的漆印。他立即把这条漆印用切刀切掉，又调了些涂料补上。

漆干后，他左看右看，总觉得新补上的涂料色调和原来的不一样。想到挑剔的主人，为了那即将得到的酬劳，他觉得应该将这面墙用涂料重新再粉刷一遍。

终于，他累死累活地干完了，可第二天一进门，他发现昨天新刷的墙壁与相邻的墙壁之间的颜色还是有色差，而且越看越明显。最后，他决定将所有的墙壁重刷。

最后，就连那个挑剔的主人也对他的工作很满意，付足了他的酬劳。但是这些钱对他来说，除去涂料费用，就所剩无几了，根本不够交学费。

屋主的女儿不知怎么知道了事情的原委，她将事情告诉了父亲。她父亲知道后很是感动，在女儿的要求下，他同意赞助沃尔顿上完大学。

一件简单的小事所反映出来的是一个人的责任心，工作中的一些细节唯有那些心中装着大责任的人才能够发现，能够做好。

32 岁的汤姆·布兰德成为美国福特汽车公司最年轻的总领班，这在号称"汽车王国"的福特公司真可谓是一个奇迹。那么这个制造厂的杂工出身的年轻人究竟是凭借什么脱颖而出，达到这个令人羡慕的事业高峰的呢？其实答案很简单，那就是——做好每一件小事。

汤姆 20 岁进入福特公司，开始时只是一个极普通的打杂工人，做的几乎都是零碎不起眼的小事。而汤姆从来没有怨言，而是认认真真地做好每一件小事。福特公司共有 13 个部门，每个部门的职能和工作性质都不相同，而汤姆几乎在每个部门都工作过，从而熟悉了各个部门的工作内容和性质。

做了一年半的杂工之后，他主动申请调往汽车椅垫部工作，将制作椅垫的技术全部掌握之后，他又陆续申请调到电焊部、车床部、喷漆部等部门工作，不到 5 年的时间，他一点一滴地学会了几乎整个汽车零件的琐碎工作。最后，他申请调往装配部门工作。由于他熟知汽车的每一个零件和步骤，因此，他在装配线上大显身手，很快得到了上司的注意并被升为领班。后来由于他对所有部门的业务都很熟悉，又被升为 15 位领班的总领班，成为福特公司内一位很有发展前途的人。

在工作中，几乎没有一件小事是可以被忽视的。事业大厦的根基在于无数个不起眼的小事，而这些小事做成功了，才能够建造最稳固、最牢靠的事业大厦。汤姆·布兰德正是从无数的平凡的事做起，并努力将它们做好，才达到了他人生事业的高度。

实际上，事并无小事和大事之分，事与事之间都是相互关联的，没有小螺丝钉，就建不成大飞机，同样也建不成航空母舰。有的人不屑于做小事，不是他做不了，而是他的思想在作怪，而做大事又没做成，所以一辈子碌碌无为，终生也没做成一件"大事"。

而有的人着眼于小事，踏踏实实、勤勤恳恳地做好每一件小事，最后提高了才能，赢得了机遇，获得了人生和事业的成功。

所以，养成愿意并乐意做小事的习惯，用高度的热情与耐心对待生活和事业中的每一件小事，用心地做好每一件小事，机遇必然会垂青于你，你也必定能够取得成功。

努力就可以把握机遇

在学习研究的过程中，一次偶然的机遇，导致了伟大而深刻的发现，使科学家因此成名；一个突如其来的机遇，使有的人大展才华，干出了一番惊天动地的事业，从而名垂青史；甚至一次意外的事变，影响了一个人的整个生涯，对他的发展起着转机作用……凡此种种，在实际生活中都是常有的。

日本经济团体联合会头面人物土光敏夫就是如此，他从高等工业学校毕业后，到一家新成立的造船公司任工程师，负责为巴西建造两艘高速货轮。交货后，由于巴西引水员领航出了错，一艘货轮出港时撞在码头上，货轮只是轻微损伤，次日货轮仍正常起航。

谁又能料到，竟是这一偶然的事故使日本造船业声威大震，订货者纷至沓来，仅 10 年工夫，日本造船业就打进了世界造船市场。当时世界上 10 艘货轮中就有 8 艘是日本货。后来土光敏夫被巴西请去创建造船业。很明显，土光敏夫后来能登上统领日本经济界的宝座，也和这次事故有很大关系。

披着神秘外衣的"机遇"，给人生涂上了很多扑朔迷离的色彩。它常常是不期而至，不告而别，稍纵即逝。你一心等它，可能长期不见其踪影；而你不去想它，又可能"时来运转"，受到它的光顾。所以，有的人常常把自己能否碰到好的机遇，归结为"运气"，有的甚至归之为"命运"。其实，机遇虽然难料，但也不是命运之神操纵的东西。

对于机遇的把握，有人归于运气的好坏，例如有人确有劳动时挖出金条、拣到钻石等可遇不可求的好运气。这只是非常个别的情况。把握机遇更要靠我们自己的努力。伟大的音乐家贝多芬一生穷困潦倒，在爱情上屡遭不幸，成年后又遭逢耳聋的厄运，但他能够"扼住命运的咽喉"，终于成为一代"乐圣"，他所凭靠的，正如他在给一位公爵的信中所说："公爵，你之所以成为公爵，只是由于偶然的出身，而我成为贝多芬则是靠我自己。"

弱者等候机遇，而强者创造它们。机遇虽受各种因素的综合影响，但不管如何，有一点是可以肯定的，那就是经过个人的努力，机遇是可以把握的。

有一家食品厂登出了招聘启事，许多人得到消息，纷纷赶来应征。

考核的时间还没到，外面却下起了雨，这时在外面急着将货品搬上车的工人跑了进来，向招聘的负责人求援，希望能找几位应聘的人到仓库帮忙。于是人事主管向大家询问："有没有人愿意帮这个忙？"

这时，许多前来应聘者认为这正是表现的大好时机，于是纷纷表示愿意，他们来到要装车的货物跟前，争先搬货。过了一会儿，厂长来到仓库，发现这么多人聚集在这里，立即找来负责的人问明原因，负责招聘的人便如实告知。没想到厂长却大发雷霆，怒斥道："我不是说过了，要再过一段时间才招聘吗？"

这时正愉快地帮忙搬货的应聘者们听见厂长这么说，不少人当场发火说："你们不是在骗人吗？搞什么名堂啊！"

他们气愤地说着，并气呼呼地将手上的货物随手一扔，还有许多人干脆就离去了。此时，雨越下越大，仓库的负责人眼看着货物全堆在外面，焦急地请求他们帮忙，并允诺会给予报酬，应聘者说：我们是来找工作的，不是来干零工的，我们可不能为你们在这里挨雨浇。说完一轰都走了，只有一个人在大家的嘲笑声中留了下来。

货物搬完后，这个人也没提报酬的事就往大门走去。然而，就在这个时候，人事主管忽然跑了过来，用力地握住他的手说："恭喜你，你已经通过本公司的考核，请你明天就来报到上班吧。"

这个年轻人听了满头雾水，正在纳闷时，只见厂长站在前方，用赞许与肯定的目光，向他点头致意。

这位求职者之所以还没有经过面试就被厂方聘用的原因在于他用实际行动证明了，他是为了工作和责任而来应聘工作的，这与其他人只为了找活而应聘不同。

毕竟，在有求于人的情况下，大家都会尽量表现出卖力、讨好的一面，然而，这些人只顾及一己之私，却不为别人着想，这样的人自然也不会尽心尽力为公司付出。因此，在这个考验的过程中，老板清楚地看到了多数人刻意的"企图"，如此一来，更加突显出那个年轻人良好的职业素质，也正因为如此，他赢得了工作的机会。

换个角度看工作吧！相同的事在不同的人的手中，必定会有不同的结果。而这个"不同"则在于你的态度和付出！西方有句谚语说得很好：只要你不嫌弃那是一块泥土，你就能让它变成黄金。让泥土变成黄金的关键，不是幻想，也不是魔法，而是你面对它的时候所持的态度，以及你的付出。

第九章
主动求变，就会走进我们向往的绿洲

　　人的一生，是不断接受改变的一生。的确如此，我们的生活时时刻刻都在变化，我们也在努力地适应这种变化。每当面对一些突然发生的改变时，我们会手忙脚乱，不知所措。其实，要想让生活变得轻松一些，我们不妨改变思路和方法。既然改变终归要发生，我们就要变被动接受为主动求变。

　　不要害怕改变自己，不要害怕让自己变得更好，不要害怕往前走，路程只会越走越短，相信自己，踏过荒芜的沙漠，就是我们向往的绿洲。

主动适应变化

人的一生，是不断接受改变的一生。的确如此，我们的生活时时刻刻都在变化，我们也在努力地适应这种变化。每当面对一些突然发生的改变时，我们会手忙脚乱，不知所措。其实，要想让生活变得轻松一些，我们不妨改变思路和方法。既然改变终归要发生，我们就要变被动接受为主动求变。

恋爱之中，有追求与被追求的两方，当然，也有一拍即合的一见钟情型。不过，大多数还是有先后的。总有一方先对另外一方表现出好感，然后另外一方经过一段时间的考察和相处之后，决定是接受还是拒绝。有些人比较木讷，在恋爱中从不主动，即使确立了恋爱关系，也依然被动地等着对方来爱。这是不好的。很多事情，我们要想掌握主动权，就应该先计划，先行动。感情也是需要经营的，如果一味地等着对方示好，你就无法把握恋爱的节奏。和朋友相处也是如此。现代社会，人际关系上升到前所未有的高度。不管是在生活中还是在工作中，我们都没有办法脱离人际关系而独立生存。拥有良好的人际关系，能够帮助我们更快地获得成功。那么，在和朋友交往的时候，你是不是占据了主动呢？中国是一个崇尚礼仪的国度，尊崇礼尚往来，你先向对方表示友好，对方也一定会给予你回应。相反，假如每个人都等着别人来和自己交往，那么人与人之间就会变得非常冷漠。要想拥有更多的朋友，你要成为那个先抛出橄榄枝的人。

在工作中，主动的精神更加重要。很多人都有惰性，只要工作上的表现符合老板的要求，只要薪资能够养活家里，就不想再做出更大的努力。其实，你不努力奋进，别人都在进步，那么时间长了，你就会落后，就会面临被淘汰的窘境。社会的发展日新月异，如果总是处于被动状态，那么等着你的可能就是被淘汰的危险，所以我们要主动学习，充实自己，主动出击。这样一来，才能更加从容地应对改变。

孙勇是一名小学教师，在家乡的小县城工作。近年来，教育行业不断创新，孙勇作为教学系统的创新楷模，不但被升为副校长，还获得了全市为数不多的几个出国学习的机会。

很多老师私底下议论纷纷，说孙勇肯定是有亲戚在教育系统工作，所以才能从名不见经传的老师一下子就爬到了校长的工作岗位上。其实，孙勇的父母都是农民，孙勇之所以能有今天的成就，完全是因为他主动求变的精神。

早在读大学期间，孙勇就开始接触很多教育杂志。这些杂志上面有最新的教育资讯，包括对整个教育行业的探讨和探索的一些论文。对于这些，孙勇常常思考。因为传统的教育模式已经无法培养出社会需要的人才，既然他以后将会是一名小学教师，所以他打算从娃娃开始调整思路。

毕业之后，孙勇在工作中经常贯穿一些自己的新想法，在他的精心教育下，班级里的孩子们的确形成了创新的思维模式。对于教学方法，孙勇一直在摸索创新。以前，老师只顾着教，学生只顾着学，教学过程中很少进行沟通和互动。孙勇在课堂上极大地调动学生的积极性，积极地引导学生，激发学生的学习兴趣。有一次，他用这种模式上了一节公开课，引起了很多教师的讨论。

在探索的道路上，孙勇从未停止。因此，当教育系统开始发文调整教育思路、改变传统教学模式时，孙勇早已抢先一步。在缺少榜样和典型的时候，他理所当然被确立为教师们学习的楷模。就是这样的一个契机被孙勇抓住了，从而改变了自己的命运。

如果孙勇没有一直为创新教育做准备，他就无法抓住这个千载难逢的好机会，把自己展示在众人面前。他的成功，在于他们主动求变。所以，他才能牢牢把握自己的命运，为自己争取到更广阔的人生舞台。

使自己适应社会的变化

有一位网民慨然撰文哀叹："我是一个传统意识非常强的人，虽然年轻，但是总感到自己和现在的经济社会格格不入。我向往古人的那种侠义豪爽和忠肝义胆，但在现代人身上早已找不到这些优秀的品质了，反而充满了虚伪和欺骗，充满了铜臭味。我觉得即使是孔子再生也无法适应现代社会，何况我呢？"

其实，无论我们生活在哪个年代，都难免对这个世界存在"水土不服"的问题。因为这个世界毕竟不是按照我们的要求设计的，难免存在这样或那样不尽如人意的地方。如何缩短现实与我们自身愿望之间的距离呢？大文豪萧伯纳说："明智的人使自己适应世界，而不明智的人只会坚持让世界适应自己。"

地球是不会随着我们的指挥棒转动的，坚持要世界适应自己，无非发发毫无价值的牢骚、喝几瓶闷酒，或者做几件荒唐事而已。这对改善我们的精神状态和生活质量没有任何好处。

要想改变与社会格格不入的状态，唯一的办法是主动去适应社会。如何适应？方法有以下几点：

1. 主动学习以适应时代的发展

一个人对社会不适应，不是因为这个社会很难适应，而是自身缺乏适应能力。要解决这个问题，只有努力提升自身素质，一味抱怨社会是没有用的。比如，许多中年人留恋过去，对当今社会大环境很反感，觉得现在是年轻人的天地，很难在生活水平、经济条件和发展机遇上超过他们，于是有一种被社会抛弃的感觉，愤愤不平。其实，他们的问题在于知识和技能比较落伍，而学习是唯一的改进之道。

2. 踏实干好本职工作

许多大学生由于刚刚毕业，对企业的管理、专业技术知识不是很熟悉，这就需要从一点一滴做起，放下架子甘当小学生，向工人师傅学习，向技术人员学习。只有踏实地工作，培养自己的务实工作作风，打下坚实的基础，才能为自己的成长创造更为有利的条件。有些人认为：企业给我多少钱，我就干多少活。表面上看，这是一种等价交换。实际上，持有这种观念的人，不仅仅工作难以有所成就，更重要的是错失了锻炼的机会，使自己的潜力在岁月蹉跎中消耗殆尽。刚毕业的大学生正值人生最宝贵的时期，应集中精力去干好工作，少讲索取，多讲奉献，丰富和完善自身，相信一定会创造出一片艳阳天。

3. 学以致用

不是所有的大学毕业生都能将自己学校里学到的东西发挥在自己以后的工作中。能够学以致用必须符合几个条件：首先是工作本身与学业对口，其次是自己善于用学到的理论知识指导自己的实际工作，再次是肯钻研工作——学校学的和实际工作中遇到的基本上不是一回事，必须有从头学起的精神和思想准备。

4. 工作积极主动

其实"主动"也是一种需要。部门工作很多，如果每样都要领导交办了才做，就如我们常说的算盘珠子拨一拨动一动，这样的人一般领导不会喜欢，而拨了还不动的，基本上就一点儿希望也没有了。

改变不了环境就改变自己

做人如果不能适时地变通，那么有一天你就会被环境和时代所抛弃。这个世界上永远没有一成不变的东西，只有适时调整自己的人生方向，调整自己的前进方略，才能领略到人生的精彩。生活中，很多时候都需要我们去适应环境，而不是让环境适应自己。如果总是固执地和变化的环境相抵抗，到最后吃苦头的还是自己。

社会心理学教授在讲台上告诉他的学生们："奋斗通常是指一种强硬的人生态度，主张不屈不挠，勇往直前。但事实上，人对社会乃至整个自然界而言，是极其渺小的。因此，不要因为年轻的激情而被'奋斗'这个词误导。"

学生们很惊奇，这样的话竟然由敬爱的导师讲出来，活像某个小品中的场景。教授显然看懂了台下的情绪，笑呵呵地说："在我看来，奋斗包含两个层面——积极斗争和消极适应。请大家随我走一趟。"

数十号人来到教授家门前的草坪上，教授指着一棵老槐树说："这里有一窝蚂蚁，与我相伴多年。"学生们凑上前观看，树缝里有小洞，小蚂蚁们东奔西跑，进进出出，很是热闹。教授说："近来，我常常想办法堵截它们，但未能取胜。"学生们发现，树周围的缝隙、小洞大多被泥巴、木楔给封住了。

"可它们总是能从别处找到出路。"教授说，"我甚至动用樟脑丸、胶水，但是，它们都成功地躲过了劫难。有一段时间，我发现它们唯一的进出口在树顶，这是很不方便的；而一周后，我发现它们在树腰的空虚处开辟了一个新洞口。"

学生们表示钦佩。教授说："蚂蚁们的生存环境不比你们广阔，它们的奋斗舞台实在很狭窄，更重要的是，它们深深了解自己的力量。因此，它们没有与我这个'命运之神'对抗，而是忍让与适应。当它们知道自己无法改变洞口被堵死这一事实时，它们很快地就适应了。而自然界中那些善于拼搏、厮杀的猛兽，如狮子、老虎、熊，目前的生存境况大多岌岌可危，因为它们与蚂蚁相比，似乎不太懂得奋斗的另一层力量——适应。"

教授说："适应环境本身就是奋斗的组成部分，只有在此基础上开辟战场去对抗，生活才有胜算的光明。"

年轻人应该懂得适应环境，根据周遭局势的变化来调整自己的心态与规划，即使你是做出了成绩的大功臣，但当身边的环境发生了变化时，如果还沉浸在其中，用自己过去的功劳做筹码，肯定是要失败的。做人要聪明，应该懂得世界上没有什么东西是永恒的，外部环境已经发生变化了，自己也要适当地加以调整。如若非要固执行事，那么，恐怕吃亏的只能是自己。

我们的生存离不开环境，随着环境的变化，我们必须随时调整自己的观念、思想、行动及目标，这是生存必需的。

但是，有时候环境的发展，与我们的事业目标、欲望、兴趣、爱好等发展是不合拍的。环境有时也会阻碍、限制我们欲望和能力的发展。这个时候，如果我们有办法来改变环境，使之适合我们能力和欲望的发展需要是最理想的。

那么，究竟怎样才能很好地适应环境呢？你可以从以下两点做起：

1. 把自己置身于客观环境中

从实际出发，正确认识客观环境，不逃避现实也不做无根据的幻想，从而把自己置于这个环境之中，了解它，掌握它并进一步改造它。

2. 改变不了环境就改变自己

从主观上要采取积极态度，不是消极等待。在选择对策时应当审时度势，有条件时选择改造环境的条件，无条件时选择改造自身的办法，这样才能既不想入非非，又不自暴自弃，从而找到最佳方案。

无论适应环境，还是改变自己，都要有一个转变和考虑的过程，在这个过程中，往往会有某些困扰。但不管有什么阻碍和困扰，只要你具有积极的心态，就会从环境中得到自由。

接受一切不可逆转的事实

在生活中，我们不能控制所有事情。当那些我们不能掌控的事情发生时，我们应该首先做到承认它的存在，然后才有可能面对它，这是一种积极的人生策略。

一个人嗜酒如命且毒瘾甚深，有好几次差点把命都送了，在酒吧里因看不顺眼一位酒保而杀人被判死刑。

　　这个人有两个儿子，年龄相差一岁。其中一个跟父亲一样有很重的毒瘾，靠偷窃和勒索为生，也因犯了杀人罪而坐牢。另外一个儿子就不一样了，他担任了一家大企业的分公司经理，有美满的婚姻，有三个可爱的孩子，既不喝酒也不吸毒。

　　为什么同一个父亲，在完全相同的环境下长大，两个人却有着不同的命运？一次访问中，记者问起造成这种现状的原因，两个人竟是同样的答案："有这样的父亲，我还能有什么办法？"

　　在生活中，我们总是说有什么样的环境就有什么样的人生。这实在是再荒谬不过了。影响我们人生的绝不仅仅是环境，而是我们对这一切所持有的态度。面对人生逆境或困境时所持的态度，比任何事都重要。

　　美国著名的哲学家威廉·詹姆斯说过："要乐于承认事情就是这样的。"他说："能够接受发生的事实，就能克服随之而来的任何不幸。"正如杨柳承受风雨、水适于一切容器一样，我们也要接受一切不可逆转的事实。

　　在一次战争中，玛丽失去了她的侄子，这个她在世上唯一的亲人，悲伤击垮了她。以前，她总觉得上帝待她不薄——她有一份喜欢的工作，她收养的侄子也是一个年轻有为的青年。她的整个世界垮了。为什么她钟爱的侄子会死？这么好的孩子，灿烂的前景就在他面前，为什么会被打死？她实在无法接受，她悲伤过度，决定放弃工作，找个地方医治伤痛。

　　她把桌子收拾干净，准备辞职，突然，她无意中看到一封信，信是侄子写的，是几年前玛丽的母亲去世时他寄给玛丽的。他在信中说："当然，我们都会怀念她，特别是你，但我知道你会挺过去的。你有自己的人生哲学。我永远不会忘记你教导我做人的真理，无论我在任何地方，我总记得你教我要像个男子汉，微笑迎接到来的命运。"

玛丽又回到桌前，收起愁苦，告诉自己："已经发生了，我不能改变它，但是我可以做到他所期望的。"她把自己完全投入到工作中去。她开始给别的战士们写信。晚上她参加成人教育班，试图找到新的爱好，结交新的朋友。一段时间后，她几乎不敢相信自己的改变，哀伤已经完全离她而去。

人这一生中，肯定会碰到一些令人不快的事情，但是事情既然已经发生了，无法改变，它们既然不可改变，我们需要做的就是把它当成一种客观存在而去接受，并适应它，否则，它会毁掉我们的生活。

几十年来，莎拉一直是四大洲剧院里独一无二的皇后——全美国观众喜爱的一位女演员。后来，她在71岁那年破产了——所有的钱都没了，而且她的医生、巴黎的伯兹教授告知她必须把腿锯掉。事情是这样的：她在横渡大西洋的时候遇上了暴风雨，摔倒在了甲板上，她的腿内伤很重，她还患有静脉炎，医生说她的腿一定要锯掉。这位医生不太敢把这个消息告诉莎拉，他觉得，这个可怕的消息一定会使莎拉大为恼火。可是他错了，莎拉看了他一会儿，然后很平静地说："如果非这样不可的话，那就只好这样了。"

当她被推进手术室的时候，她的儿子站在旁边伤心地哭泣。她朝他挥了挥手，高高兴兴地说："不要走开，我马上回来。"

在去手术室的路上，她一直背着她演出的一出戏里的台词。有人问她这么做是不是为了提起自己的精神，她说："不，我是要让医生和护士们高兴，他们受的压力可大得很呢。"

当手术完成，恢复健康之后，莎拉继续环游世界，使她的观众又为她痴迷了七年。

人生之路充满了许多未知的因素，当我们面对无法更改的现实时，明智的做法就是接受它，并做出积极乐观的反应，这才是一种可取的态度。许多年轻人面对不可改变的事实，总是不停地抱怨，这样是解决不了问题的。

不敢面对现实，会让你在现实面前越来越乏力，最后被生活所控制，失去自我，也失去了人生的乐趣。承认已经发生的不幸需要勇气，但是只要你做到了，你的人生就会是另外一番景象。

生活会善待改变习惯的人

我们每个人都有梦想的生活。之所以称之为梦想的生活，是因为这种生活仅仅存在于我们的脑海里，从未被实现过。

我们都曾幻想过这样的生活：早起健身，做一顿健康可口的早饭，然后精心打扮一番，出门开始美好的一天。在忙碌工作的同时能够感到它是一种享受，回家之后能够吃上一顿丰盛的晚饭，然后看一部精彩的电影，进行一小时健身，甚至还能够看会儿书，然后入眠，在甜美的梦境中，等待充实的第二天。

上述的生活模式堪称"样板"，似乎离我们特别遥远。并非因为"样板"不切实际，而是因为多数人都不敢去实现它。如何能够从每天被闹钟逼迫起床的状态中脱离，不再只是为了挣钱而不得不上班，进而转变为如此健康的生活方式？这在很多人看来都是不可能。可是，为何不可能？将梦想的泡沫击碎的只是我们自己。

当人们看到他人做成了自己一直追求的事情，过上了自己渴望的生活的时候，总是会找诸多借口：别人的运气好、别人的家境好、别人赶上了各种好的政策、遇到了各种好的环境……就是不愿意承认，是自己不努力、不坚持、不勇敢。与其一味地羡慕别人，甚至抱着吃不到葡萄就说葡萄酸的心理，既然对健康、完美的生活和人生如此渴望，渴望到见不得他人实现甚至是实践，为何不改变自己，步入自己喜欢的人生？

故步自封的人，总是不满意自己的生活，但却从不进行改变。我们为什么要做这样的人？素颜的女人美，还是妆容精致的女人美？每个人都有不同的见解，但是可以肯定的是——愿意花时间拾掇自己的女人一定美。

生活中，我们看到的女生大致分为两类，第一类素面朝天，衣着简洁普通；第二类是从头到脚都经过精心的打扮。其实，每个女生心里都住着一个公主，没有女人不喜欢看到自己变得更美丽。只是很多女生难以改变自己的旧观念和生活模式，甚至连衣着的风格都不敢改变，偶尔买了件风格不同的衣服，却不敢穿出门。为何要害怕，为何不能习惯精致生活的自己，为何不能习惯更美丽的自己？

我们做很多事情的逻辑模式，都能够用女人化妆打扮的例子来总结，想要改变但从来不敢去做，更不敢接受改变之后的自己和人生。很多女性，甚至连化个妆，稍微打扮一下再出门，就会各种不自在，感觉全世界都在看着自己。而实际上，路人根本不认识你，没有人会登报通告你的改变。我们的每一步，每一次自我审视，每一次着手改变，都只是为了我们自己，为了让自己变得更好。

明明知道，稍作改变，就能够变得更好，为何我们迟迟不行动？如同现在很多患了"晚睡强迫症的人"，其实已经明显感到非常疲惫，但就是强迫自己玩手机、刷微博、看小说，直到深更半夜才能够入睡。为什么不能习惯早睡早起、朝气蓬勃的自己？

我们到底在害怕什么？究竟是什么样的恐惧，让我们惶恐到亲自站在路中央，阻拦自己往更好的方向转变？国外有很多自发性的互助小组，小组里的人都是具有同样的问题，且自己无法靠自己的力量约束自己的人，例如戒毒互助会、戒酒互助会等。很多人，明知道抽烟有害健康；明知道酗酒不仅伤害自己的身体，还可能会酿成更大的惨剧；明知道吸毒会终结自己的生命，也会终结家人的幸福，但终究还是拗不过自己，无法让自己戒掉这些，步入正常的生活。于是，他们加入了这样的互助小组，通过分享自己的经历，互相督促，互相鼓励，相互搀扶着迈出重塑自我的步伐。

生活中大大小小的琐事不胜枚举，我们不可能完全依靠他人的力量来克制自己，也不可能在找到同命相连的人之后才敢改变。每个人都有从众心理，每个人都在乎外界的眼光，这样的心理给我们自己增加了很多心理负担。追根溯源，我们只是害怕改变，害怕自己改变，害怕改变之后产生不好的结果。

安于现状不是洒脱，是逃避。而我们总是畏惧没有发生的事情，畏惧遥远的未来，从而把自己锁在自己的世界里，期许自己的平静不要被打破。但是，如果不往前走，要路做什么？

可塑性是人类最优秀的品性之一。从未离开父母保护的孩子，第一次迈出家门独立生活，必然会遇到很多问题，面对衣服怎么洗、三餐如何解决、什么时候要进行大扫除等生活中琐碎的小事。每个人都是从零学起，从什么都不会的孩子变成了懂得规划生活的成熟个体。

不要害怕改变，要学会习惯渐渐变好的自己；不要害怕陌生的眼光，要明白这偌大的世界不会停下来去看某一个人的改变；不要害怕未知的路、未知的苦难，要习惯这就是生活固有的模式。敢于改变，习惯改变，习惯不断变好的自己，生活总会善待有这种习惯的人。

勇敢迈出坚定的第一步

在科技没有这么发达，甚至没有网络的年代，人们谋生的方式相对单一，很多人一辈子都在为改善物质生活而奋斗，完全没有时间去纠结精神生活的好坏。现如今，"想得太多，行动太少"已然成为现代人的通病之一，不得不承认，上一辈人身上的坚韧和果敢，已经快要在我们身上消失干净。

很多人感叹时代不好，感叹人口众多，感叹各种各样的外界因素，似乎自己生活的品质全部都依靠外部环境。决定对于我们来说，似乎成为了一个世纪难题。因为我们几乎不会对自己的决定负责到底，因此，我们一路高举往前走的彩旗，一路在同样的地方来回打转，想做的事情、目标、梦想，都变成了想想而已。

我们总是在列计划，写愿望清单，但很少有人真正迈出坚实的一步，勇敢去实践。我们对不进则退的哲理似乎永远参悟不透，于是停在原地，被时间带着倒退的人扎起了堆。

每到夏季，减肥就成为了很多人挂在嘴边的事情。各种减肥药、代餐粉成为了炙手可热的产品。网络上减肥成功者的前后对比图，让很多被肥胖困扰的男男女女怦然心动。走在马路上，会遇到各种健身房的会籍顾问热情地冲上来，向我们介绍各式各样的健身套餐。说全民健身减肥，一点也不为过。但是，喊着"吃饱了才有力气减肥"，然后继续胡吃海塞的大有人在。

我们面对生活中很多事情的态度，都如同对待减肥。叫嚣着改变，但却从未真正做出改变。三分钟热度的人太多，节食几天，去健身房大汗淋漓地拍几张照发到朋友圈等，等新鲜感过去了，心里的虚荣感被满足之后，又回到了原来的生活模式，出门"逛吃、逛吃、逛吃"，回家"躺吃、躺吃、躺吃"。然后放弃减肥，以"做一个快乐的胖子"为口号，麻痹自己。

用无独有偶都无法描述，我们用上述的减肥模式搪塞了多少事情。对我们来说，迈出改变的第一步，然后坚持走下去，真的困难吗？也许我们已经开始回避这样的问题。不是改变太难，而是我们难以下定决心，迈出坚定的第一步。

陈亮是国内一家互联网金融公司的高管。年轻有为的陈亮，时常被问起自己的成功经验。而陈亮说自己的成功，要感谢自己读书时的一段经历。很难想象，陈亮在高中阶段，是全年级倒数的学生。三年的时间，很快被蹉跎完。当同学、朋友、亲戚家的孩子都接到了大学的录取通知书时，陈亮才刚刚填好专科的志愿，等待录取。那个夏天，对陈亮来说，度日如年。那是陈亮第一次感觉到，自己的人生被自己毁掉了。在大家都带着欣喜的心情迈入大学校门的时候，陈亮做了一个决定——复读。

陌生的学校、陌生的人群，没有朋友，也没有人陪伴。从正常高中50人的班级，变成120人的班级，老师上课带着扩音器，自顾自地讲课，没有管学生是否听课，也没有人收作业，一切都全靠自己。很多学生在刚开始复读的时候，劲头满满，但是，时间一长，在无人监管的环境里，很多人又变成了曾经的样子，早恋的早恋、翘课的翘课。陈亮在这样的大环境里，一直坚持早起背书、认真听课，课间永远在老师办公室，向老师请教自己未解决的题目，连等公交车的时间都在背化学方程式。一年的时间很快过去，第二次高考终于结束。这次，陈亮的分数达到了重点大学的分数线。从专科到重点大学，陈亮只用了一年的事情，这让很多人，都感到震惊。

"生活就在一念之间，曾经我也觉得花一年的时间去学习他人三年学习的课程，是一件不可能完成的事。但当我迈出那一步的时候，我告诉自己，无论如何，我都要坚持到最后。越是坚持，越是完成了每天既定的任务，我的心里越笃定。或许很多人会对我第二次高考的成绩感到惊讶，但是我完全不这么觉得，因为这是我意料之中的事情。"这一段经历，改变了陈亮的人生，不因为进入了高等学府，而是在自己的亲身经历中，陈亮明白了，"改变"并不是一个可怕的词语，做成一件事情也没有我们想象的那么困难。难的是迈出第一步，难的是一步一步坚持往下走。

无论任何事情，只要是决定了，陈亮都会按部就班地坚持自己的计划，一步步完成自己的目标。"你必须很努力，才能让别人看起来，毫不费力"，而对陈亮来说，能够坚持做好一件事，完成一个个小目标之后，必能完成曾经看起来触不可及的事情。陈亮说自己并没有多成功，也没有完成什么壮举，只是在自己的人生道路上，从自己身上吸取了经验教训，明白了事情不会少，困难不会少，打击也不会少，但是只要自己始终记得自己要走的

所有失去终将归来

路，要去的地方，不要回头，不要退缩，就一定能够到达目的地。

要行动起来，迈出脚步，才能够有到达的可能，这是多么浅显易懂的道理。但是就如同减肥一样，很多人不是迈不出第一步，就是无法坚持往下走。如果连改变自己都如此艰难，该如何面对生命里猝不及防的各种坎坎坷坷？

不要害怕结果，用平静的心态去面对生活中大大小小的事情，去接受各种各样的挑战，去克服各种各样的困难。流程不过是遇到问题——分解问题，列出解决方法——行动起来，逐一攻破——解决问题。从小学就学过的解题思路，却被很多人遗忘在形形色色的生活诱惑里。没有谁能够替我们改变，如同我们身上的赘肉不会长到别人身上一般，独善其身的主体永远是我们自己。

不要害怕改变自己，不要害怕自己变得更好，不要害怕往前走，路程只会越走越短，相信自己，踏过荒芜的沙漠，就是我们向往的绿洲。

转变看人看事的角度

一千个人眼中有一千个哈姆雷特。悲剧或是喜剧，顺境或是逆境，往前走还是往后退，每个人都有自己的定义。同样的事情，有人认为是幸运，有人认为是不幸。我们站在不同的角度，自然看到事物不同的侧面，内心产生的感觉也必然有差异。

"少女还是老人"是心理学教程中有一张知名的图，同样一张图片，有人看到的是年轻貌美的女子，有人看到的则是老态龙钟的老人。心理学的解释是，处于不同心理、情绪状态的人，在这张图中看到的画面是不同的。类似的图片在我们中学课本中就出现过，同样是半杯水，第一个人开心地欢呼："还有半杯水！"第二个人表情沮丧地说："只有半杯水了。"我们也常说，有什么样的心灵就会看到什么样的世界。因为我们看到的都是自己选择看到的事物。这虽然是在中学就学习过的浅显易懂的道理，但是，很多人即使上了年纪，也没有真正践行。

碌碌无为的人都有一个共同的特点，就是抱怨社会、抱怨家人、抱怨环境，但从不抱怨自己。这类人必然不会成功，因为他们只看到了周围环境为自己带来的不利因素，而没有看到其他人是如何看到有利的因素并加以利用的。遇到困难不可怕，换个角度思考，可能问题就迎刃而解了。

同样是半杯水，如果是在长途跋涉中，一个人因为路途遥远且只剩半杯水而沮丧，或许可能半途就放弃甚至发生更大的悲剧。因为内心的沮丧，让他把周围不利的因素都通通放大，任何一件不起眼的小事，可能都会成为他眼中无法逾越的障碍。越是处于这样的情绪和心态下，他会越焦躁，加上长途跋涉的劳累，很可能引发急性疾病，或者干脆直接半路放弃。

对于自己还剩半杯水感到十分开心的人，会保持一种昂扬的状态，或许会计算在余下的路程里，如何利用这半杯水让自己得到最有效的补给，也会仔细观察周围的环境，看是否能够找到有助于自己到达终点的人和物。保持如此状态前行的人，一定会到达目的地。

生活中，庸人自扰的事情大都是因为站在不当的角度看待事物。究竟什么样的角度是正确的，这个问题没有标准答案。然而，可以肯定的是，选择对自己有利的角度，是我们本能应该去做的事情。站在积极的角度看问题，这个行为本身就会为我们节约很多的心力。何况是在处于困境的时候，有些困难并没有达到让我们寝食难安的地步，何必在暴风雨到来之前，给自己来场大暴雨？

这两年人气很高的一档明星真人秀节目，其中很多环节的设置都颇具挑战性。虽然有些环节，嘉宾们用"投机取巧"的方式完成了，但是这档节目之所以在所有真人秀节目中有不错的口碑，是因为其中很多项目的设置，很具有教育意义。生活中有很多事情，对我们来说就是极限挑战，在面对这类事情的时候，我们要学会多角度地揣摩分析，或许就能在绝望的境地中看到希望，改变生活中的糟糕状况。

生活从来不会刻意打垮谁，有时候打垮我们的可能是我们自己。王子君从小在父母无休止的争吵中长大，这样的成长环境给她带来了很大的心理阴影。有时候，听到他人说话稍微大声了些或者眼神稍微严厉了些，她便会对对方产生极大的厌恶感。如果是亲近的人做出如此举动，会让她感到不可控制地难过。

这样的心理，给她带来了不少麻烦。在朋友眼中，她很难相处，稍微没有注意到她的情绪，便会被她拉入黑名单。工作中，她难以控制自己的脾气，甚至在和顾客交谈的过程中，误解了顾客的举动，而与顾客发生冲突。心理医生告诉她，很多事情并不是她以为的样子，可能是儿时父母的争吵让她的心灵蒙受创伤，从而改变了她看待人和事物的方式。她总是站在防御的角度和这个社会接触，别人一个习惯性的动作，在她的眼中，可能就具有攻击性。

在医生的建议下，王子君开始观察身边的人，观察他人在遇到自己认为是错误或者带有攻击性的行为的时候，会有什么样的反应。经过一段时间的观察，她幡然醒悟。老板和同事并非故意针对她，父母之间的关系也没有她想象得那么糟糕，朋友的举动也不是不在乎她的感受。她开始慢慢地改变，转变自己看人看事的角度，生活也变得快乐起来。

人无完人，我们每个人都应该学会审视自己，只有自己有意识地去完善自己，才能够让自己真正改变。没有人会在前行的过程中期许遇到荆棘，但是我们每个人都清楚，困难、坎坷、荆棘是人生道路上必须经历的。故而，坦然地接受生活给我们的考验，转换自己看待困境的角度，改变自己处理问题的方式，在磨炼中让自己变得更加强大。

很多时候不是风景不美，不是生活无趣，而是我们关上了欣赏的开关。很多时候不是困难不可克服，苦难不可度过，而是我们只看到了密室的恐惧，没有看到生活留给我们通关的钥匙。很多时候不是黑暗侵袭得太快，我们跌倒受了很重的伤，而是我们默认了黑夜就是寂寞的、凄清的。

马丁·路德·金曾说："只有经历真正的黑暗，才能看见满天的星辰，生活如果以这样的方式，注定会变好。"不要忘记人生是多面的，生活是会开花的。面朝太阳，才能沐浴阳光；抬起头，才能看见一直为我们指引的美丽星辰。

第十章
克服依赖，才会掌握自己的命运

　　翻开历史，我们可以知道，各行各业的成功人士，早年往往都是贫苦的孩子。成功是排除困难的结果，而生长于安逸环境中的年轻人，时常依附于他人而不懂得靠自己，自小被溺爱的年轻人，习惯躲藏在父辈羽翼下的年轻人，是很少能够成功的。因此，要记住：命运只掌握在自己手中，你就是主宰一切的上帝。

不要习惯于依赖别人

在这个竞争的年代，我们要有积极的人生观，发挥自身最大的潜能，将自己带上高峰，虽死无悔，虽败犹荣。而在整个奋斗的过程中，最大的敌人不是别人，而是自己。尤其是那些过去备受呵护，如今必须独立面对未来的年轻人，他们必须战胜自己的惰性和依赖心理。这种毛病若不革除，无论你有多优秀，将来也难以成功。因此，要记住：命运只掌握在自己手中，你就是主宰一切的上帝。

有一个登山者，一心想要登上世界第一高峰。经过多年精心的准备，他开始了登山的旅程。他是独自一人出发的，因为他希望自己单独获得全部荣誉。他开始向上攀登，直到天色暗下来。渐渐地，山上已经很黑了，登山者什么都看不见。因为有云层，月亮和星星都被云层遮住了，伸手不见五指。但登山者依然不顾一切地向上攀登着，仅有几米他就可以到达山顶了，可是他突然滑倒了，并且飞速地跌落下去。在跌落的过程中，他看到的是一群群的黑影，以及感到迅速向下坠落的恐怖。

他伴着极度的恐怖下坠着，他一生中的好与坏，也一幕幕地在他的脑海中重复着。

当他一心想着死亡就快要接近自己的时候，忽然间，他感到自己被系在腰间的绳子紧紧地拉住了。于是，他整个人被吊在了半空中，因为有那根绳子在拉着他。

上不着天，下不着地，真是求助无门，他一点办法都没有，只有大声呼叫："上帝啊，救救我吧！"

忽然间，从天上传来一个低沉的声音说道："你叫我做什么？"

"上帝！快救救我！"

"你真的相信我能够救你吗？"

"是的，我真的相信！"

"那就剪断系在你腰间的绳子。"

短暂的沉寂之后，登山者决定继续抓住那根救命的绳子。

第二天，搜救队找到了登山者已经冻得僵硬的尸体，在一根绳子上挂着。他的手依然紧紧抓着那根绳子，就在离地面不到一米的地方。

从剪断脐带那一刻起，一个新生命诞生了，每个人只有依靠自己才能获得自由。生命所受的最大束缚来源于生命本身对"绳子"的过分依赖，"你的命运藏在你自己的胸里"，如果你只知道依恋那根"绳子"，那么，恐怕至死你都不会明白为何自己如此不值地离开这个世界。

比尔·盖茨曾经说过："依赖的习惯，是阻止人们走向成功的一个个绊脚石，要想成大事，你必须把它们一个个踢开。只有靠自己取得的成功，才是真正的成功。"

美国前总统约翰·肯尼迪的父亲从小就注意培养儿子的自主精神与独立性格。有一次，他赶着马车带儿子出去玩，由于马车速度太快，小肯尼迪在一个拐弯处被甩了出去。马车停住了，小肯尼迪以为父亲会过来把他扶起来，然而父亲却坐在车上悠闲地吸起烟来。

小肯尼迪叫道："爸爸，快来帮我。"

"摔得很痛吗？"

"是的，我已经站不起来了。"小肯尼迪几乎哭着说。

"那你也要坚持站起来，重新爬上马车。"

小肯尼迪挣扎着站了起来，摇晃着走向马车，又艰难地爬上来。

父亲摇晃着鞭子问："你知道为什么让你自己站起来吗？"

小肯尼迪摇了摇头。

父亲说："人生就是如此，跌倒、爬起来、奔跑，再跌倒、再爬起来、再奔跑。任何时候都要依靠自己，没有人去扶你的。"

父亲非常重视对小肯尼迪的培养，时常带他参加一些大型社交活动，教他如何向人打招呼、道别，怎样与不同身份的人进行交谈，怎样展示自己的风度、气质和精神面貌，怎样坚定自己的信仰等。人们问他："你每天都有很多事情要做，怎么还有精力教孩子这些琐事？"

约翰·肯尼迪的父亲一语惊人："我是在训练他做总统。"

生而为人，就必然要经历成功与失败，而前途永远掌控在自己手中。依赖是对生命的一种束缚，是一种寄生状态。英国历史学家弗劳德曾经说过："一棵树如果要结出果实，必须先在土壤里扎下根。同样，一个人首先需要学会依靠自己、尊重自己，不接受他人的施舍，不等待命运的馈赠。只有在这样的基础上，才可能做出成就。"总是寄希望于他人的帮助，就会产生惰性，失去独立行动与思考的能力，意志力也将被吞噬。

有一天，美国著名成人教育家卡耐基正在家里看书，一个神情呆滞的流浪汉忽然进来了。他对卡耐基说，他做生意赔了很多钱，打算自杀，正当他想要跳河的时候，他看到了卡耐基的一本书，感觉卡耐基能帮他走出困境，就兴冲冲地找来了。

卡耐基听完他的话后，对他说："我帮不了你，但这屋子里有一个人能帮助你，你想见他吗？"那个人立即抓住卡耐基的手，激动地说："他在哪里？快带我去找他！"卡耐基把这个人带进里屋，让他站到一面镜子前，对他说："这个人就在镜子里。"那个人一看，镜子里只有自己的影子。卡耐基对他说："这个世界上，能让你东山再起的人，就是你自己！"

那个人听了深受启发，告别卡耐基以后，他重新开始创业。两年以后，有一辆豪华轿车停在卡耐基的门前，从车上走下来一位衣着讲究的绅士，他正是当年想要自杀的那个流浪汉。他是来告诉卡耐基，他已经完全依靠自己的努力重新站了起来。

成功是排除困难的结果，而生长于安逸环境中的年轻人，时常依附于他人而不懂得靠自己，自小被溺爱的年轻人，习惯躲藏在父辈羽翼下的年轻人，是很少能够成功的。富家子弟与穷苦少年相比，就像温室中的幼苗和饱受暴风骤雨吹打的松树一样，只有那些经风雨洗礼的大树，才能看见蔚蓝的天空。

日本教育界有句名言："除了阳光和空气是大自然的赐予，其他一切都要通过劳动获得。"许多日本学生在课余时间都要去校外参加劳动挣钱，大学生勤工俭学的例子比比皆是，就连有钱人家的子弟也不例外。他们在饭店里端盘子、洗碗，在商店里当售货员，在养老院照顾老人，或者做家庭教师，以此挣得自己的学费。孩子很小的时候，父母就会给他们灌输一种思想——不要给别人添麻烦。全家人外出旅行，无论多么小的孩子，都要背上自己的小背包。别人问为什么，父母会说："他们自己的东西，应该自己来背。"

曾几何时，我们早已将吃苦精神丢弃一旁，习惯于依赖别人，等着别人搭好桥，铺好路，再牵着别人的手慢慢通过。殊不知，没有经过寒流的抽打，就不会感受到阳光的温暖；没有经过沙漠的干热，就不会体会到绿洲的清爽。

苦，可以折磨人，更可以锻炼人。学会吃苦，你才不会在困难和逆境面前乱了阵脚，无助哀叹；学会吃苦，能够让你在奋斗的路上多一分坚忍，多一些从容。

认识自己，重塑自己

意大利著名画家阿马代奥·莫迪里阿尼曾经说过："人有两只眼睛，一只用来观察周围的世界，一只用来观察自己。"客观地看待自己，估量自身的能力，是取得成功的前提，也是获得快乐的源泉。

爱尔兰地区有一位只有一只脚的作家，他出生的时候就瘫痪了。直到 5 岁的时候，他依然无法走路，也不能开口说话，甚至连头、双手和右脚都不能动。5 岁那年的一天，他看到妹妹用粉笔在一旁涂涂画画，突然很受启发，于是也学着妹妹的样子，用唯一可以动弹的左脚夹住一支粉笔，在地上勾画起来。就这样，一年以后，他学会了用脚写出 26 个英文字母。

从那以后，他的母亲开始教他读书识字。他把打字机放在地上，用左脚练习打字。可以想象，他每打一页字要消耗多少精力和时间！但他凭着坚强的毅力，学会了用左脚打字、画画，甚至写作文和写诗。

21 岁的时候，他的第一部自传体小说《我的左脚》和读者见面了。16 年后，他的另一部小说《生不逢时》也出版了，并一举成为世界畅销书，先后有 15 个国家出版了他的著作。他的作品还被改编成了电影。

在 48 年的短暂人生中，他以常人无法想象的毅力，先后创作了 5 部长篇小说、3 部诗集。而这些作品都是他用一个左脚的脚趾一个一个字母敲击出来的。

他的名字叫布朗，一位正确认识自己并且找到自己真正价值和人生的作家，他发挥了自己仅能活动的一只脚的优势，铸就了自己不平凡的人生！

对于布朗来说，瘫痪无疑是最大的不幸，但他并没有怨天尤人，而是客观地对待自己的身体现状，凭借着仅能活动的一只脚，书写了自己不平凡的一生。如果他一味地怨恨命运的不公，一蹶不振，不思进取，那么他的人生肯定充满痛苦和无奈，更不用说取得成功了。

在古希腊帕尔索山上有一块石碑，上面刻有这样一句箴言："你要认识你自己。"卢梭曾赞誉这一碑铭："比伦理学家们的一切巨著都更为重要，更为深奥。"只有正确地认识自己，发现自己的优势和不足，我们才能拥有"千磨万砺还坚韧，任尔东南西北风"的执着和坚韧；只有正确地认识自己，我们才能拥有对待生活的坦然和平和；只有正确地认识自己，我们才能获得面对困难和未来的勇气。

著名的漫画家蔡志忠 15 岁的时候，正读初中二年级。他带着投漫画稿赚来的 250 元稿费，只身到台北想闯出自己的一片天地。正在他准备到以电视节目闻名的光启社求职时，求才广告上

"大学相关科系毕业"一项条件生生地横在了他的面前，不过他对自己的能力充满了自信，没有将这个学历上的限制条件放在心上，毅然参加了应征。结果，他成功击败了一起应聘的 29 名大学毕业生，成为了光启社的一份子。

后来，他在漫画界的表现令业界人士啧啧称赞，尤其是"庄子说""老子说"系列，更是被译成多种文字，远销世界很多国家和地区。

那么，在连初中文凭都没有拿到的情况下，是什么使他有勇气和信心踏入以"文凭闯天下"的社会呢？对此，他说做人最重要的就是要了解自己。有人具备做总统的才干，有人适合扫地。假如适合扫地的人一味以做总统为人生目标，他得到的只能是挫折和痛苦。而对蔡志忠来说，他适合做一个漫画家。他很小就知道自己能画、喜欢画，所以他从 15 岁就开始画，尽早地画，不停地画，终于画出了自己的锦绣前程。这不禁让人联想到巴西的世界足球王"黑珍珠"贝利，他曾经说："我天生是踢球的，就像贝多芬是天生的音乐家一样。"

生活中并不存在完美的事物，如同花朵一样，有的花香而不艳，有的花艳而不香，有的花又艳又香但却多刺，每朵花都有自己的优点和不足。所以，我们要学会正确认识自己，只有正确认识自己，才能更好地完善和提高自己。

乔叟说："自知的人是最聪明的。"没有自知，便无法自胜，"不识庐山真面目，只缘身在此山中"。认识自己，就要学会跳出个人的绝对视角，以旁观者的眼光分析和审视自己，正视自己的成长过程，这也是和错误失败做斗争的过程，是由否定到肯定再到否定的过程，这样我们就能从错误中吸取教训，积累经验，从而完善自身。也只有这样，我们才能看清自己，接纳自己，重塑自己，从而成为理想的自己。

发挥自己的优势

在广袤无边的大草原上，一只小羚羊忧心忡忡地问老羚羊："这里一望无际，没遮没拦的，我们又没有锋利的牙齿，难道天生就要成为狮子、老虎的腹中之物不成？"老羚羊回答道："别担心，孩子，我们的确没有锋利的牙齿，但我们却拥有可以高速奔跑的腿。只要我们善于利用它，再锋利的牙齿又能拿我们怎么样呢？"

世上万物，各有所长，鸟儿因其翅膀而翱翔天空，鱼儿因其善水而遨游江河，它们依靠自己独有的特长成为万物中的一员，在残酷的生存竞争中占得一席之地。

人生的诀窍同样在于经营好自己的长处。微软公司总裁比尔·盖茨的最高文凭是中学，他在哈佛大学没念完就经营他的电脑公司去了。他是能及早发现自己的长处，并果断去经营自己长处的人，因而他成为世界巨富也就不足为奇。

现在很多人很佩服冯仑，觉得这个人能做能侃，很了不起。冯仑不是有了钱才有本事，他是因为有了本事才有钱。

1991年，冯仑和王功权南下海南创业的时候，兜里总共只有3万块钱。3万块钱要做房地产，即使是在满是经济泡沫的海南也是天方夜谭，但是冯仑想了一个办法。信托公司是金融机构，有钱。他找到一个信托公司的老板，先给对方讲一通自己的经历。冯仑的经历很耀眼，对方不敢轻视。再跟对方讲一通眼前的商机，自己手头有一单好生意，包赚不赔，说得对方怦然心动。冯仑提出："不如这样，这单生意咱们一起做，我出1300万元，你出500万元，你看如何？"这样好的生意，对方又是这样一个人，有这样的经历，有什么不放心？这位老板慷慨地甩出了500万元。冯仑拿着这500万元，让王功权到银行做现金抵押，又贷出了1300万元。他们用这1800万元买了8幢别墅，略作包装，一转手，赚了300万元。这是冯仑和王功权在海南淘到的第一桶金。对此，冯仑说："做大生意必须先有钱，但第一次做大生意谁都没有钱，在这个时候，自己可以知道自己没钱，但不能让别人知道。当大家都以为你有钱的时候，都愿意和你合作做生意的时候，你就真的有钱了。"冯仑初到海南，尽管没钱，也总是将自己和公司上下都收拾得整整齐齐，言谈举止让人一眼看上去就很有实力的样子。

懂得经营自己的长处，就有致富的可能。

著名经济学家吴敬琏写过一篇文章《何处寻找大智慧》。文中提到，对创业者来说，无所谓大智慧、小智慧，能遵章守纪，能把事情做好，能赚到钱就是好智慧。

美国国际商业机器公司总经理之子托马斯·沃森，从小就是个末流学生，与其声名显赫的父亲相比，他简直是个猥琐者。他在读商业学校时，各科学业全靠一名家教的鼎力相助才勉强过关。后来他开始学飞行，意外地有种如鱼得水的感觉，发现驾驶飞机对自己来说竟是那样得心应手，这使他信心倍增。第二次世界大战时，他当上了一名空军军官。这段经历使他意识到自己有一个富有条理的大脑，能抓住主要东西，并能把它准确地传达给别人。组织才能使沃森最终继承父业，成为公司总经理，使公司迅速跨入了计算机时代，并使年盈利率在 15 年里增长了 10 倍。

由此可见，创造财富的诀窍在于经营自己的优点，找到发挥自己优势的最佳位置。

"尺有所短，寸有所长"，每个人都有自己的优点。假如你能经营自己的优点，就会给自己的生命增值；反之，假如你经营自己的短处，则会使自己的人生贬值。"条条道路通罗马""此门不开开别门"，世上的工作千万种，对人的素质要求各不相同，干不了这个可以干那个，总可以找到自己的发展天地。只要你发挥自己的优势，经营自己的优点，就能找到自己的道路。

由依赖到自立

SOHO 中国总裁潘石屹说："一个人先要有主见，然后才能有远见。这个社会受媒体影响太大，总是人云亦云，如果你天天都被媒体上的新闻缠裹住，就很难理解事情的本质。所以，年轻人一定要独立思考问题，要有自己的主见，自己去探求事情的本质和真相。如果对事物没有洞察力，做任何事情都会比较短视，这样就容易走弯路。"

生活中，每个人的禀赋不同，学习的方式各异，将来的成就也各不相同，但在心智成长上却是相同的。

生活所依赖的是能力和智慧，它们是学习和成长得来的。

人生是一个不断成长的过程，我们必须时时刻刻从经验中获得新的启发，让自己的心智不断成长。成长丰富了我们的精神生活，增强了我们的适应能力，相对地也增强了我们的信心和勇气。

成熟需要自立自强。这是自身能力的体现，也是对自身肯定的证明。汉时少将霍去病曾被人指责："乳臭未干的孩子也敢上战场？"他没有回答，而是单枪匹马地歼灭了众多匈奴人，并发出"匈奴未灭，何以家为"的豪言壮语。他用功绩、用行动证明了自己，让别人哑口无言，成为了年轻有为的将领。

所以，养成独立自主的习惯，将会助你成就一番事业。一个成功的人，从来不会依附于他人。依靠他人只会变得懦弱。坐在健身房里让别人替我们练习，无法增强自己的肌肉力量。没有什么比依靠他人更能破坏自己独立自主能力的了。如果你依靠他人，你将永远坚强不起来，也不会有独创力。要么抛开身边的"拐杖"独立自主，要么埋葬雄心壮志，一辈子做个平庸之人。

爱默生说："坐在舒适软垫上的人容易睡去。"那些总是在等着从父亲、富有的叔叔或是某个远亲那里得到钱的人，那些总是在等"运气""发迹"来帮一把的人，永远无法自立，更不用说获得事业的成功了。

一位伟大的诗人写下了这样的名句："我是我命运的主人，我是掌握我灵魂的船长。"他告诉我们：我们是自己命运的主人，因为我们有力量控制我们的思想。是的，人生路上，一切都得靠自己——靠自己的理解，靠自己的意志，靠自己的追求……我们能做的只有不断努力，我们能依靠的只有自己。

英国著名作家笛福的《鲁滨逊漂流记》是一个自传式的人物故事。鲁滨逊喜欢航海和冒险，有一次，他出海途中遇到了大风浪，同伴们都葬身于大海，只有他一个人被冲到了一座荒无人烟的小岛上。于是，他做好了长期在这座荒岛上生活的准备。每天陪伴他的是凶猛的野兽，经过重重困难的考验，鲁滨逊终于生存了下来。更让人佩服的是，在这漫长的 28 年里，他靠着顽强的毅力与信念，竟然把一座荒无人烟的小岛建设成了一个世外桃源。

自立自强是成熟的保障。如果你做任何事都靠别人帮助的话，就难以在社会上立足，会被别人看不起，久而久之，你会发现自己连生存的基本能力也丧失了。周恩来在回答校长"为中华之崛起而读书"时就已经体现了他独立自主、自立自强的意识。

不抛弃、不放弃，勇敢地面对生活，勇敢地迎接挑战是21世纪的青年人所必备的品质。所有这些品质的核心都可归结为自立自强。我们常对自己说："我们是有作为、自立自强的青年，我们已经长大，我们已经成熟。"这意味着在学习上，我们有自己的见解；在生活中，我们有主见，敢于承担责任，不推诿；在遇到问题的时候，我们敢于面对现实，有自己的想法和主张。

但时下有许多年轻人，有好的学习机会，却不懂得把握，不好好用功，不接受师长的教导，不好好学习各方面的知识，这些都阻碍了他们心智的成长。

所以，如果你想开拓自己的人生，做一个有能力去实现自我的人，应注意以下几点：

在依赖中学习自主。

耐得住寂寞，扛得起打磨。

理想要与现实结合。

知道时时除旧布新。

懂得自励、自制和自立。

这几个法则能帮助你的心智成长，培养你的豪迈气度，令你的人生活得有意义、有价值。

当然，由依赖到自立，需要经历生活的磨炼。泰戈尔说：

"只有流过血的手指才能弹出世间的绝唱。"要想理性成熟必须得经过时间的磨炼与自我提升，经过努力与拼搏，你方能真正地独立自主、自立自强。

面对困难，全力以赴

一个人不论从事什么职业、经营什么事业，其过程都不可能一帆风顺，总会遇到这样或那样的困难。很多时候，面对困难，尽力而为还不够，还必须全力以赴。

美国西雅图一所著名的教堂里，有一位德高望重的牧师——戴尔·泰勒。有一天，他向教会学校里一个班的学生们讲述了下面这个故事：

那年冬天，猎人带着猎狗去打猎。猎人一枪击中了一只兔子的后腿，受伤的兔子拼命地逃生，猎狗在其后穷追不舍。追了一阵后，兔子跑得越来越远了，猎狗只好悻悻地回到猎人身边。猎人气急败坏地说："你真没用，连一只受伤的兔子都追不到！"

猎狗听了很不服气地辩解道："我已经尽力了呀！"

再说兔子带着枪伤成功地逃回了家，兄弟们都围过来惊讶地问道："那只猎狗很凶呀，你身上又有伤，你是怎么甩掉它的呢？"

兔子说："它是尽力而为，我是竭尽全力呀！它没追上我，最多挨一顿骂，而我若不竭尽全力地跑，那可就没命了呀！"

泰勒牧师讲完故事之后，又向全班郑重地承诺：谁要是能背出《圣经·马太福音》中第五章到第七章的全部内容，他就邀请其去西雅图的"太空针"高塔餐厅参加免费聚餐会。

《圣经·马太福音》第五章到第七章的全部内容有几万字，

而且不押韵，要背诵全文无疑有相当大的难度。尽管参加免费聚餐会是许多学生梦寐以求的事情，但是几乎所有人都浅尝辄止，望而却步。

几天后，班里一个11岁的男孩，胸有成竹地站在泰勒牧师面前，从头到尾地背诵下来，一字不漏，没出一点差错，而且到了最后，简直成了声情并茂的朗诵。

泰勒牧师很清楚，就是在成年的信徒中，能背诵这些篇幅的人也是罕见的，何况是一个孩子。泰勒牧师在赞叹男孩惊人记忆力的同时，不禁好奇地问："你为什么能背下这么长的文字呢？"

这个男孩不假思索地回答道："我竭尽全力。"

16年后，这个男孩成了世界著名软件公司的老板，他就是比尔·盖茨。

泰勒牧师讲的故事和比尔·盖茨的成功背诵给了我们一个启示：每个人都有极大的潜能。正如心理学家所指出的，一般人的潜能只开发了2%~8%，像爱因斯坦那样伟大的科学家，也只开发了12%左右。人的潜能几乎是用之不竭的，谁要想出类拔萃、创造奇迹，仅仅做到尽力而为还远远不够，必须竭尽全力才行。

生活中，许多成功者在谈到自己的成功经验时，都特别强调全力以赴的精神和积极进取的激情。做事全力以赴占人们的成功概率的九成，剩下一成靠的才是天赋。

要使自己全力以赴地做事，就必须时刻激励自己。德国人力资源开发专家斯普林格在《激励的神话》一书中写道："强烈的自我激励是成功的先决条件。"然而，在工作中，总有人抱怨自己的业绩不突出，晋升不够快，报酬不够多。与其抱怨，不如静下心来想一想："自己在解决问题时想尽所有办法了吗？""自己是否真的做到了全力以赴呢？"实际上，很多人失败就在于做事没有全力以赴。

小时候老师告诉我们，有了知识就能拥有一切。长大后面临激烈的市场竞争时，我们才知道自己拥有的知识不过是大海中的一滴水而已。

我们可以想象，当一个人在做某件事情的时候抱着尽力而为的态度，他能成功吗？因为在事情还没有实施之前他已经想好了退路，只要遇到一点阻力他就有可能退缩，甚至就此放弃。

成功者的态度则完全不同——他们全力以赴。做事的时候，只要全身心地投入进去，就不会有跨不过去的坎。因为他们一开始就是以一个成功者的姿态投入到工作当中。

不管是"全力以赴"，还是"尽力而为"，都取决于我们面对挑战时的态度，即人的内因起关键作用，而知识、机遇、经验、阅历等都是外因。

竞争中永远没有可以懈怠的时间，你稍有怠慢，别人就有可能追上你、超越你、取代你。现实中，有才高八斗而未被重用的人，有满腹经纶总提建议而未被采纳的人，有身居高位却无实权的人，等等。"圣女"贞德说："所有战斗的胜负首先在自我的心里见分晓。"确实如此，每个人的心都需要不断被激励，只有激励才能激起自身的激情和热忱。因此，一个人一旦懂得了自我激励，自我塑造的过程也就随即开始。"全力以赴"可以把一个人塑造成一个不怕困难迎接挑战的英雄。

所以，请全力以赴地去完成自己的任务，坚持做一只拼命奔跑的"兔子"——做最好的自己！

吃得苦中苦，方为人上人

古人云："吃得苦中苦，方为人上人。"意思是说，人要敢于吃苦，在苦难中成长成才，才能最终出人头地。这句话的含义很多人都明白，但真正做到的有几个呢？

就成才而言，不管是顺境还是逆境，都是外因，而内因才起关键作用。之所以"自古英豪出贫贱，纨绔子弟少伟男"，是因为顺境中的人容易受迷惑，往往贪图享受，不知奋进，不知道苦难为何物。而没有志向、没有进取心的人，又怎么能成才呢？逆境中的人则不同，他们饱受磨难，一次次地与命运和困难做斗争，为走出逆境，他们大多树立了远大志向和坚定目标。人没有压力不抬头，没有动力不奋进，一旦二者兼备，就会发挥出令人吃惊的潜力。

世界球王贝利喜得贵子，有记者贺道："看他长得多壮，今后会成为像你一样的体育明星。"贝利不假思索地答道："他有可能成为一位优秀运动员，但绝不会有我这样的成功。因为他很富有，缺乏竞争意识，而我小时候却非常贫穷。"

古往今来，有许多名人是在逆境中奋进成功的。如司马迁，他因李陵一案身受宫刑，蒙受大辱，但他终于克服磨难，发愤写完了辉煌巨著《史记》。司马迁在给他的朋友任安的信中说："古者富贵而名磨灭，不可胜记，唯倜傥非常之人称焉。盖文王拘而演《周易》；仲尼厄而作《春秋》；屈原放逐，乃赋《离骚》；左丘失明，厥有《国语》；孙子膑脚，《兵法》修列；不韦迁蜀，世传《吕览》；韩非囚秦，《说难》、《孤愤》。"可见，逆境可以让坚强的人取得成就。再如美籍华人张士柏，他经历了从游泳健将到高位截瘫者的巨大变故，但并未因此一蹶不振，反而将它化为动力，勤奋学习，完成了许多健康人都做不到的事情。还有张海迪、李政道等，逆境中成才的名人不胜枚举。

一个网站上登载了一篇《我修自行车的老爸》的帖子，这是一位网名叫"TOBENO.1"的网友的自述。他在文中写道：

"说起老爸，我从来都是理直气壮。我有一个修了 17 年自行车的老爸，尽管他很普通、很平凡，却很伟大。

"我是在老爸的修车摊上长大的，记得很小的时候，父亲就修自行车。他每天忙碌着，陪我和妈妈的时间很少。早晨我醒的时候，他已经出摊了；晚上他回来，我已经睡觉了。在我的记忆中，爸爸的手总是黑黑的布满了裂纹和老茧，就是这双手撑起了一个贫穷的家。

"时间过得很快，我上了中学，每次从学校回来都会经过爸爸的修车摊。每天中午都是由我给他送饭。一次，爸爸给一个路人补胎，那人说忘了带钱，爸爸挥了挥手，说：'钱不要了，以后车坏了再来修。'一些盲人、聋哑人、老人，不管修什么车，他都不要钱。爸爸的吃苦耐劳、善良厚道，给我上了人生的第一课。

"2010 年，我大学毕业了。实习期间，我在爸爸的修车摊边上摆了一个水果摊。爸爸忙的时候，我便给他帮帮手。一次，补胎后，我问：'补一个胎多少钱？'爸说：'2 块。'我心里一惊，我与姐姐各上了 4 年大学，需要花费 10 万元，这 10 万元需要补多少胎呀！我用敬佩的目光看着爸爸，懂得了什么叫父爱、什么叫珍惜、什么叫奋斗。

"大学毕业后，我留校当了老师。我能挣钱了，给爸妈常寄些钱补贴家用，怕老爸冬天冷，给他买了棉皮鞋、保暖内衣。我和姐姐都劝他，都 60 岁了，又有胃病、老寒腿，别出摊了，可他仍然一年四季修车，又添了配钥匙的业务。他每天仍然是天一亮出摊，天黑了才拖着疲惫的身子回家。

"今年回家过年，我很兴奋。一年没见到老爸了，中午回到家，进门喊了声'爸，妈'。可只听到妈妈应声。妈妈说：'你爸在车摊上哩。'做好饭，我顾不上吃，急匆匆给爸爸送去。爸爸还在忙着修车，寒风吹着他的脸，吹着他身上那件穿了 20 年的绿大衣。他的脸上似乎又多了皱纹，腰有些弯，我喊了一声'爸'，差点哭出来。

"我是一名大学教师，我在学生中常炫耀我有个修自行车的老爸。我是学生的老师，可爸爸是我的老师，他留给我的精神财富比百万千万的金钱更珍贵。"

为什么穷人的孩子能早成才呢？因为环境影响，家庭教育使他们产生了积极向上的动力。

生活中，面对逆境，有的人跨了过去，功成名就；有的人甚至一些高智商人才，却陷了进去，被淘汰出局。因此，我们身处逆境要善于忍耐，沉得住气，受得了委屈，吃得了苦，坐得住冷板凳，学会韬光养晦。如果在逆境中错判情势，急于求成，就可能招致更大的灾难和祸患。我们只有坦然自处，奋发有为，有"突围"的勇气，才有可能在时机成熟时化不利为有利，成就自己。